国家节能中心　编著

重点节能技术应用
典型案例
2019—2020

TYPICAL CASES
OF APPLICATION OF
KEY ENERGY-SAVING
TECHNOLOGIES
2019—2020

中国发展出版社
CHINA DEVELOPMENT PRESS

图书在版编目（CIP）数据

重点节能技术应用典型案例. 2019－2020/国家节能中心编著. —北京：中国发展出版社，2022.2

ISBN 978－7－5177－1118－6

Ⅰ.①重… Ⅱ.①国… Ⅲ.①节能—案例—汇编—中国—2019－2020 Ⅳ.①TK018

中国版本图书馆 CIP 数据核字（2022）第 024907 号

书　　　名：重点节能技术应用典型案例 2019—2020
著作责任者：国家节能中心
出 版 发 行：中国发展出版社
联 系 地 址：北京经济技术开发区荣华中路 22 号亦城财富中心 1 号楼 8 层（100176）
标 准 书 号：ISBN 978－7－5177－1118－6
经 销 者：各地新华书店
印 刷 者：北京市密东印刷有限公司
开　　　本：710mm×1000mm　1/16
印　　　张：14.75
字　　　数：218 千字
版　　　次：2022 年 2 月第 1 版
印　　　次：2022 年 2 月第 1 次印刷
定　　　价：68.00 元

联 系 电 话：(010) 68990642　68990692
购 书 热 线：(010) 68990682　68990686
网 络 订 购：http://zgfzcbs.tmall.com
网 购 电 话：(010) 68990639　88333349
本 社 网 址：http://www.develpress.com
电 子 邮 件：fazhanreader@163.com

《重点节能技术应用典型案例2019—2020》

指导委员会

主　　任：任献光

副 主 任：史作廷

成　　员：（按姓氏笔画排列）

刁立璋	王　鹤	王立新	王志刚	王健琨	田丽君
史作廷	冯　润	邢济东	邢德山	吕天文	朱海燕
任献光	刘　伟	刘　烨	刘英姿	刘建友	许明超
阮　军	孙晓林	杨玉忠	李北元	李永亮	李保山
李振清	李惊涛	李德英	汪新麟	沈照人	张　敏
张　磊	张月峰	张清林	苑京成	周俊华	郑忠海
孟巧转	项定先	郝江平	柳晓雷	钟　鸣	郜　学
秦宏波	袁　伟	袁宝荣	索也兵	贾　英	柴　博
高文斌	梁　喆	梁继明	董巨威	董引航	程　晧
路　宾	蔡涵生				

编写委员会

主　　编：史作廷

副 主 编：辛　升　郝江平

编委人员：（按姓氏笔画排列）

于泽昊　王兴娣　韦志浩　公丕芹　龙芳芳　叶　枔

史作廷　乔　宇　全晓宇　刘守超　刘建友　李国强

李宗慧　吴正波　辛　升　张　宽　张冬海　张劲松

张海军　苟文鑫　范健夫　周庆余　项定先　郝江平

柳晓雷　洪申平　索也兵　徐　畅　高　扬　程　钧

　　为深入学习贯彻习近平生态文明思想，全面贯彻党的十九大和十九届历次全会精神，充分发挥先进节能技术在促进经济社会发展全面绿色转型中的重要作用，培育壮大节能环保产业，构建市场导向的绿色技术创新体系，2019 年 8 月至 2020 年 9 月，国家节能中心组织开展了第二届重点节能技术应用典型案例评选工作。经过信誉核查、初步评选、情况复查、现场答辩、现场核查等十几个环节，最终由专家团队确定了 16 个重点节能技术应用典型案例并于 2020 年 9 月 7 日进行了通告。2020 年 10 月 16 日，国家节能中心举办了重点节能技术应用典型案例（2019）首场发布推介服务活动，向 16 家最终入选典型案例技术企业颁发了证书、纪念杯，为 16 家案例技术应用单位颁发了证牌；举办了注册商标"国家节能中心重点节能技术应用典型案例"的发布和现场贴标仪式。首场发布推介服务活动后，中心利用多种方式对典型案例技术开展了持续的宣传报道，制作了宣传展板在中心展示专区进行长期展览展示，并多次邀请典型案例技术企业在各类相关活动中进行技术讲解、参加供需对接等；后续还将持续加以宣传推广。

　　为进一步推动典型案例技术的推广应用、发挥示范引领作用，同时供地方、行业进行节能技术改造时作为参考和借鉴，国家节能中心编写了《重点节能技术应用典型案例 2019—2020》一书。本书突出介绍了节能技术的先进性、适用性以及典型案例情况，力图使各类用能单位在开展节能技术改造的过程中能够从此书中获得借鉴。

在编写过程中，国家节能中心得到了案例技术企业、中国科学院过程工程研究所、中国建筑材料工业规划研究院及地方节能中心等单位专家的大力支持和帮助，对他们在此过程中的辛勤付出和智慧贡献在此一并表示感谢。

由于编写时间仓促，本书难免有不足之处，敬请读者批评指正。

本书编委会

2022 年 1 月

附件

港珠澳大桥珠海口岸格力永磁变频直驱制冷设备应用

1 案例名称

港珠澳大桥珠海口岸格力永磁变频直驱制冷设备应用

2 技术提供单位

珠海格力电器股份有限公司

3 技术简介

3.1 应用领域

该案例技术名称为"永磁同步变频直驱技术",涵盖常规制冷、冰蓄冷、中温、热泵、核电等系列,制冷量范围为350kW～10500kW,适用于大型公共建筑、工业厂房、数据中心、区域能源、北方采暖等领域。

我国常规制冷机房整体性能系数COP不足3.5,能耗偏高。制冷机房冷水机组节能的关键在于驱动压缩机的电机。普通离心式冷水机组采用的基本上都是三相异步电机,配置的常规增速齿轮转动结构机械损失大、体积大、噪声大。

案例技术提供单位针对这些问题,结合新型电机控制理论和对稀土永磁材料的应用,发明了具有自主知识产权的永磁同步变频离心式冷水机组。永磁同步就是电机励磁方式采用了永磁体产生励磁磁场。与三相异步电机相比，永磁同步电机功率因数高，由于没有转子铜损，效率较高，控制回路简单、稳定，调速范围广，功率密度高，体积小，启动电流小，没有增速齿轮的啮合噪声，机组运行安静，振动小，提高了制冷 COP 系数和节能率。

永磁同步变频技术除了应用在永磁同步变频离心式冷水机组中，还可应用于磁悬浮变频离心机组、冰蓄冷双工况冷水机组、永磁同步变频热泵机组、永磁同步变频螺杆机组。

3.2 技术原理

永磁同步变频离心式冷水机组利用蒸汽压缩循环制冷，采用双级制冷循环，变频调速与导叶联合进行冷量精准调节。压缩机采用高速永磁同步电机直驱叶轮对来自蒸发器的冷媒做功，使其压力、温度提高，然后通过冷凝、两次节流过程，使之变为低压，低温制冷剂液体在蒸发器内蒸发为蒸气，同时从周围环境（载冷剂，如冷冻水）中获取热量使载冷剂温度降低，从而实现冷冻水制冷，达到人工制冷的目的。该技术产品工艺流程见图1。

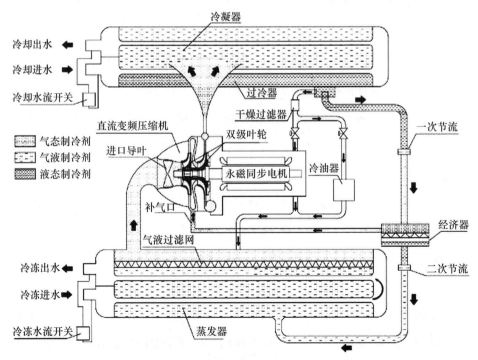

图1 永磁同步变频离心式冷水机组工艺流程

该技术产品组装工艺流程见图2。

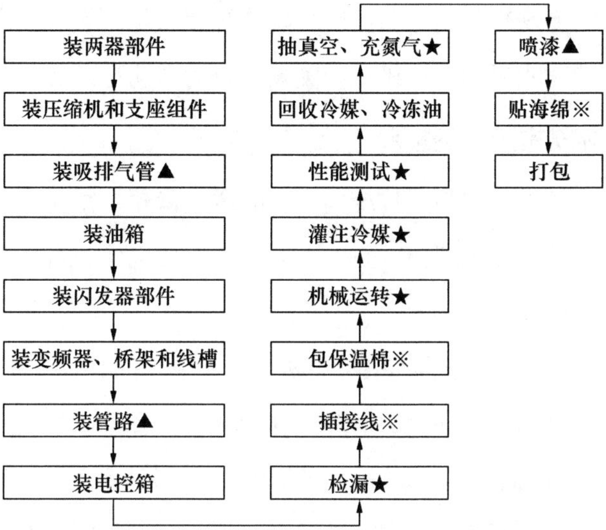

```
装两器部件  →  抽真空、充氮气★  →  喷漆▲
    ↓              ↑                ↓
装压缩机和支座组件  回收冷媒、冷冻油   贴海绵※
    ↓              ↑                ↓
装吸排气管▲      性能测试★         打包
    ↓              ↑
装油箱          灌注冷媒★
    ↓              ↑
装闪发器部件      机械运转★
    ↓              ↑
装变频器、桥架和线槽  包保温棉※
    ↓              ↑
装管路▲          插接线※
    ↓              ↑
装电控箱    →    检漏★
```

图2　永磁同步变频离心式冷水机组组装工艺流程

3.3　关键技术

该案例关键技术包括高速电机直驱结构、全工况气动设计方法、大功率永磁同步变频调速电机及其驱动系统。

技术创新点包括以下四点。

（1）发明了一种高速电机直驱叶轮的永磁变频离心式压缩机，构建了一体化叶轮—轴承—转子高速回转系统，攻克了一体化转子临界转速裕度低的难题，实现了全速范围内可靠运行。

（2）提出了全工况宽频设计理念，建立了压比—流量协同气动设计方法，发明了"全自由曲面"三元闭式叶轮、"低稠度"叶片扩压器结构，解决了离心压缩机偏离设计工况下运行时的流动恶化问题，提升了离心压缩机在全工况运行范围内的综合性能系数。

（3）发明了大功率高速永磁同步变频调速电机，采用负载概率寻优的能效设计方法，构建了热—流—力匹配定向散热的螺旋环绕制冷剂喷射冷却结构，解决了高功率密度电机冷却问题，实现了电机高转速下的可靠运行。

（4）构建了永磁电机多模参数耦合模型，采用基于模型参考自适应的永磁同步电机无传感器控制技术，创造了多模式 SVPWM 弱磁控制技术，发明了热电一体的制冷剂冷却闭环温湿度智能热管理系统，实现了变频器的可靠输出，保证大功率永磁同步电机低开关频率下的高速运行。

3.4 技术先进性及指标

永磁同步变频电机取消了传统离心机的增速齿轮，采用电机直驱双级叶轮做功，相比而言机械损失平均减少 70%，压缩机体积和重量减少 60%，噪声降低 8 ~ 10 分贝。

采用了大功率高速永磁同步变频电机及四象限绿色变频器驱动系统，电机功率 400kW，转速 12000rpm，功率因数达 99.9%。永磁同步变频电机体积小、重量轻，400kW 的永磁同步变频电机重量仅相当于 75kW 的交流感应电机。

针对不同转速进行全工况"宽频"气动设计，改变传统的以额定工况为设计点的方法，并研制了适合全工况特性的"全自由曲面"叶轮与"低稠度"叶片扩压器，辅以双级压缩中间补气的制冷循环技术，实现了压缩机在全工况下的高效运行。在循环级数上，采用了双级压缩：相比于单级压缩，双级压缩能效提升 5% ~ 6%，转速比单级压缩降低 30%，噪声降低 3 分贝左右。

在机组运行范围内，永磁同步变频电机转速 ≥8000rpm，远超三相异步电机的 2960rpm，直接达到离心所需转速，电机效率平均在 96% 以上，最高效率达 98.2%，全工况下提升 2% ~ 11%，大大提高了机组满负荷与部分负荷的运行能效（详见表 1 及图 3）。

表 1　　　　永磁同步变频离心机和常规离心机效率对比

项　目	常规离心机	永磁同步变频离心机	备　注
机械效率	0.93 ~ 0.95	>0.99	高速电机直驱
电机效率	0.91 ~ 0.94	>0.96	永磁同步电机
绝热效率	0.8 ~ 0.83	>0.86，全工况 >0.8	气动优化设计
循环效率	单级压缩	比单级压缩提高 5% ~ 6%	双级压缩
变频器效率	0.94 ~ 0.96	>0.97	四象限变频

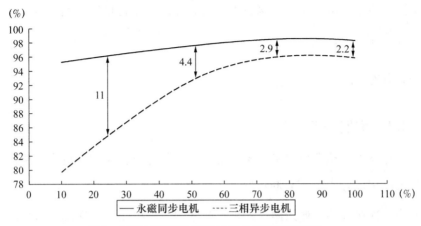

图 3　永磁同步变频电机和三相异步电机的效率对比

永磁同步变频调速电机启动电流小，是星三角启动电流的 1/5 左右；采用螺旋环绕的制冷剂喷射冷却技术，对电机定子、转子充分冷却，电机温度场均匀，可控制电机温度在 40℃左右，保证电机高效运行；部分负荷时电机发热量小，能充分利用低冷却水温时的高能效条件，可在冷却进水温度 12℃条件下高效运行，并且采用气封密封，无须担心润滑油泄漏及电机冷却不足的问题。

永磁同步变频离心式冷水机组采用高速电机直驱叶轮结构、永磁同步电机、双级压缩等核心技术，所有零件都具有自主知识产权，这大幅提高了满负荷及部分负荷性能，机组达到一级能效。按照《蒸气压缩循环冷水（热泵）机组　第 1 部分：工业或商业用及类似用途的冷水（热泵）机组》（GB/T 18430.1—2007），COP 高达 7.25，IPLV（指综合部分负荷性能系数）达 10.19，按照 *Performance Rating of Water-chilling and Heat Pump Water-Heating Packages Using the Vapor Compression Cycle*（《蒸汽压缩循环冷水和热泵热水机组的性能等级》AHRI 550/590—2018），机组 COP 达 7.22，IPLV 达 12.05，相较原有技术的离心机 IPLV 值 6.7，节能率超过 40%，经 5 位院士、8 名专家组成的评审团联合鉴定，认定其为"全球第一台大冷量高效直驱永磁变频离心机，整体技术达到国际领先水平"。

该技术已经成功应用于港珠澳大桥珠海口岸建设管理有限公司、中国音乐学院、清华大学等单位。该技术应用后，设备运行稳定，制冷效果、节能效果好，噪声小。

4 典型案例

4.1 案例概况

港珠澳大桥珠海口岸格力永磁变频直驱制冷设备应用项目为永磁同步变频技术应用成效突出的典型案例。

作为连接香港、澳门两大特别行政区的口岸枢纽，港珠澳大桥珠海口岸交通枢纽位于珠海人工岛，是集旅检、货检、综合商业、商务配套、后勤保障于一体的区域性交通枢纽及多功能复合城市综合体。项目建筑面积 27.9 万平方米，于 2017 年 4 月竣工。该综合体面积大、功能复杂、入境旅客人流量大，周围是高湿度和易腐蚀环境，在选择空调系统时，要解决冷冻机房供冷范围大、功能及使用时间差异大、减少细菌和病毒传播等问题，满足高效净化 PM2.5、高效灭菌、快速稀释气态污染等需求。

为此，珠海格力电器股份有限公司采用了 10kV 高压离心式冷水机组、1400RT 永磁同步变频离心机组，同时选用螺杆式水冷冷水机组和机房精密空调、全直流变频多联机、大型空气处理设备等，总制冷量超 10000RT。

技术应用后，根据港珠澳大桥珠海口岸建设管理有限公司反馈，机组设备运行稳定，制冷效果与节能效果好。

4.2 方案实施

首先，组织技术、生产、调试相关人员对人工岛进行现场勘查，评估港珠澳大桥口岸未来客流量以及人们对生存环境和空气质量的需求。

其次，组建机组调试专项工作小组。由于此案例采用的机组种类多、数量大，需根据施工进度同步安装调试。相关调试人员分 6 个阶段实施，长期驻守，观察机组运行情况，组织现场问题排查、机组调试、主机末端群控联动，开展项目对接、方案迭代、对标同行工作。

再次，检查水系统、电路系统、机组自身冷媒系统和回油系统。针对系统群控问题，制定了相应的技术措施。围绕主机连锁控制，完成系统联调。在发现冷冻水系统水质严重发黄，水系统中存在焊渣、沙子等杂质堵住系统管道时，进行水系统清洗，主机联调在线清洗装置。

最后，完成防腐蚀工艺。港珠澳大桥珠海口岸位于人工岛，周围是高盐雾腐蚀环境，因此对空调设备在抗盐雾、抗腐蚀方面有极高要求。针对特殊的环境要求，该项目采用了一系列防腐工艺，其中空调机组采用防腐设计，表冷器采用金色防腐翅片设计，其余钣金件喷防腐漆。

图4　方案实施现场

4.3　实施效果

该项目采用永磁同步变频离心式冷水机组和永磁同步电机直驱结构，同时结合双级压缩及四象限变频，大幅提高了满负荷及部分负荷性能，机组达到一级能效（技术方案实施后现场如图5所示）。项目总投资额近1亿元。由于该项目为新建项目，永磁同步变频离心机较同一机房内的常规离心机换算为单位冷量耗电量后节能约35%。在负荷波动较大的过渡季节，充分体现了永磁同步变频离心机的节能优势。

图 5　技术方案实施后现场

4.4　案例评价

永磁同步变频离心式冷水机组技术被专家组一致认定为国际领先水平。专家组表示，格力永磁同步变频离心式冷水机组是技术先进、性能出色的离心机组。

近年来，各厂家围绕制冷循环效率、压缩机绝热效率、机械效率、电机效率、变频器效率等因素进行了积极探索，通过采用交流异步变频离心机组、磁悬浮离心机组、双级压缩离心机组等，不同程度地提升了 COP 与 IPLV，但仍未实现 COP 与 IPLV 同时达到高水平。该案例中的双级高效永磁同步变频离心式冷水机组实现了 COP 与 IPLV 的"双高"。COP 超越《冷水机组能效限定值及能效等级》（GB 19577—2015）一级能效要求（COP 值 6.3）10% 以上，IPLV 达到了国际领先水平；采用新型的压缩机结构，取消了增速齿轮，减少了压缩机体积和重量。该项目具有鲜明的创新性与节能性，将推动行业的技术进步并提升中国冷水机组市场话语权，为建筑节能乃至整个国家的能源战略作出重要贡献。

该技术除了在港珠澳大桥珠海口岸格力永磁变频直驱制冷设备应用项目中成功实施，还在中国音乐学院主楼、琴房楼、阶梯教室空调设备采购项目，上海交通大学能源楼等工程中成功实施。

在中国音乐学院主楼、琴房楼、阶梯教室空调设备采购项目中，制冷主机为两台型号为 LSBLX130SCE 的磁悬浮变频离心式冷水机组（一用一备）。

此机组在永磁同步技术的基础上增加了磁悬浮技术，利用磁场使转子悬浮起来，在旋转时不会产生机械接触、机械摩擦，不再需要机械轴承以及润滑系统，实现了无油、无摩擦、无损耗运行。

上海交通大学能源楼项目采用格力光伏直驱变频多联机系统，总制冷量为67kW，内机选用13台四面出风天井机，主要为配套实验室、控制室提供冷源，多联机IPLV达7.6。光伏总装机容量为11.96kW，上海峰值日照小时数为3.81h，发电量约13306kW·h，考虑组件衰减（第一年衰减2.5%，而后每年衰减0.7%）计算，则系统25年平均年发电量约为11940kW·h。按照上海商业电价1元/kW·h计算，则系统平均每年可创造1.2万元的经济效益；按照国家补贴0.42元/kW·h计算，则经济效益约为1.7万元，投资回收期为4.8年。

 技术企业介绍

珠海格力电器股份有限公司（以下简称格力电器）成立于1991年，1996年11月在深交所挂牌上市。该企业成立初期，主要生产家用空调，现已发展成为多元化、科技型的全球工业制造集团，产业覆盖家用消费品和工业装备两大领域，产品远销160多个国家和地区。珠海格力电器从研发过程、采购过程、制造过程、销售服务过程出发，结合目标管理、组织系统、技术系统、标准系统、信息系统，对所有产品进行质量管理，并总结出"让世界爱上中国造"的质量管理模式。

格力电器现有近9万名员工，其中有近1.5万名研发人员和3万多名技术工人。在国内外建有15个空调生产基地，分别位于珠海、重庆、合肥、郑州、武汉、石家庄、芜湖、长沙、杭州、洛阳、南京、赣州、临沂，以及巴西、巴基斯坦；同时建有长沙、郑州、石家庄、芜湖、天津、珠海6个再生资源基地，覆盖从上游生产到下游回收全产业链，实现了绿色、循环、可持续发展。

格力电器现有15个研究院，分别是制冷技术研究院、机电技术研究院、

家电技术研究院、新能源环境技术研究院、健康技术研究院、通信技术研究院、智能装备技术研究院、机器人研究院、物联网研究院、装备动力技术研究院、电机系统技术研究院、洗涤技术研究院、冷冻冷藏技术研究院、建筑环境与节能研究院、电工电材研究院；共有 126 个研究所、1045 个实验室、1 个院士工作站（电机与控制），拥有国家重点实验室、国家工程技术研究中心、国家级工业设计中心、国家认定企业技术中心、机器人工程技术研发中心各 1 个，同时成为国家通报咨询中心研究评议基地。

格力电器是一家坚持自主创新的企业，目前累计申请国内专利 82472 项，其中发明专利 42061 项；累计授权专利 46697 项，其中发明专利 11171 项；申请国际专利 3962 项，其中 PCT 申请 2123 项。在 2020 年国家知识产权局排行榜中，格力电器排名全国第六，家电行业第一。格力电器现拥有 31 项国际领先技术，获得国家科技进步奖 2 项、国家技术发明奖 2 项、中国专利奖金奖 4 项。

其中，永磁变频离心技术获发明专利 69 项（含日本、欧盟专利 6 项），实用新型专利 120 项，获得中国专利优秀奖 2 项、广东省科技进步奖一等奖、中国节能协会节能减排一等奖、中国制冷学会科技进步一等奖、日内瓦国际发明展金奖，获评国家技术发明奖、入选国家重点节能技术推广目录（第五批）、国家重点新产品、美国 AHRI 认证杰出成就奖、英国 RAC 国际成就大奖、英国 HVR 年度商用产品大奖等。

永磁同步变频离心式冷水机组频频用于大型标杆工程，已成功应用于人民大会堂、北京第一高楼中信大厦、港珠澳大桥珠海口岸、北京大兴机场、毛主席纪念堂、清华大学等。

该案例技术产品采用了高速永磁同步电机直驱双级叶轮结构，搭载双级压缩补气技术、扩压器技术,在提升机组整体效率的同时,降低了运行噪声,拓宽了机组运行范围,提升了冷水机组全年综合性能效率和节能率。将该技术与太阳能结合起来使用,可以让冷水机组更节能,降低碳排放量。

北京交通大学食堂灶头节能改造

1　案例名称

北京交通大学食堂灶头节能改造

2　技术提供单位

湖北谁与争锋节能灶具股份有限公司

3　技术简介

3.1　应用领域

湖北谁与争锋节能灶具股份有限公司（以下简称谁与争锋公司）在商用燃气灶具中应用了烟气再循环余热利用技术、鼓风预混燃烧红外蓄热技术、自动控温变频燃烧技术、蒸汽余热回收利用技术等节能技术，形成了以谁与争锋命名的高效节能中餐燃气炒菜灶、燃气大锅灶、燃气蒸柜、燃气低汤炉四个产品，适用于学校、医院、宾馆、酒楼、餐厅等企事业单位的厨房。

3.2　技术原理

1. 高效节能中餐燃气炒菜灶

此灶具采用烟气再循环余热利用专利技术，使高温烟气再次与燃料混合燃烧，充分利用高温烟气的余热，提高了热效率，使燃烧更稳定，炉膛内温度更均匀，改善了加热质量，同时大大降低了废气中的 CO（一氧化碳）含量，NOx（氮氧化合物的总称）的生成量和 PM 2.5 排放量也大为减少。另外，红外线及机械压杆式防空烧装置的使用，根治了"荒火"现象。通过以上节能技术的实施，节能率达到了 40％ 以上，厨师的工作环境也得到了改善，有利于厨师的身心健康。其结构如图 1 所示。

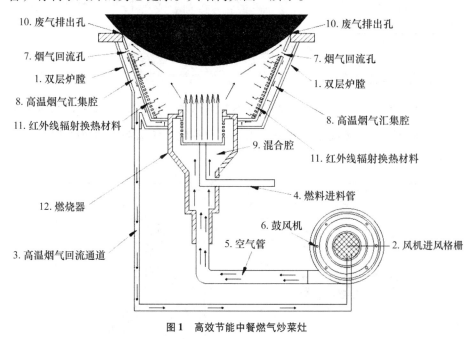

图 1 高效节能中餐燃气炒菜灶

2. 高效节能燃气大锅灶

此灶具采用鼓风预混燃烧红外蓄热技术，使多个耐高温陶瓷喷射头预混燃烧，与喷射头周围的红外蓄热体实现热交换平衡后，大部分热量通过蓄热体转换为红外辐射能量。该灶具在结构上采用多个喷头，换热面积比现有的大锅灶节能技术增大 6 倍以上，再加上使用带有翅片的翻边式节能大锅，可轻松达到一级能效（热效率 65％ 以上）。其结构如图 2 所示。

传统大锅灶燃气燃烧后产生的高温烟气与大锅之间采用的是对流换热方式，热量在传递过程中损失比较大，换热效果差。而在满足有效热负荷的前提下，该燃烧器采用红外燃烧方式或者采用预混燃烧方式加红外线辐射换热材料，燃烧后产生的热量与大锅之间采用辐射换热，可实现高效节能。

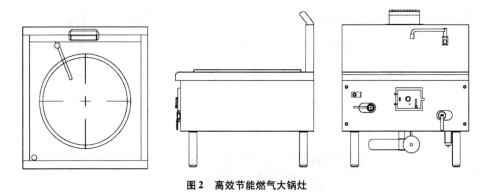

图 2 高效节能燃气大锅灶

3. 高效节能燃气蒸柜

该灶具采用自动控温变频燃烧技术和蒸汽余热回收利用技术，同时采用耐压密闭箱体，可实现热效率最大化。该设备比传统蒸箱节能70%以上。其结构如图3所示。

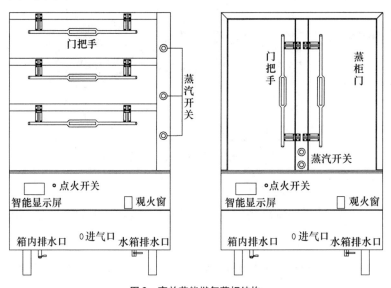

图 3 高效节能燃气蒸柜结构

目前成熟的做法是用节能蒸汽机来代替燃气蒸柜的蒸汽发生器，这种节能蒸汽机在下部采用火排作为燃烧器，在水箱中设置多个用于换热的不锈钢换热板，在水箱火管的上部设置排风机，使高温烟气通过火管与水箱中的水换热产生蒸汽。由于水箱的体积较小（30L），火管与水的换热面积大，该设备可在2分钟左右产生蒸汽，使用方便，热效率可达90%以上。此外，该设备利用自动温控装置来控制燃烧器的变频燃烧，以及采用耐压密闭箱体实现蒸汽的余热回收利用，可比传统蒸箱节能70%以上。

节能燃气蒸柜具有噪声小、热效率高、节约能源、性能优越、废气中有害物质少、安全可靠、干净卫生等优点，其智能化程度高，操作简单。如果在北方水质比较硬的地区使用，还需加装软水设备，且每天操作完成后必须将水箱中的水排空。

4. 高效节能燃气低汤炉

该灶具采用了预混燃烧红外蓄热技术，噪声小，火力猛，产品稳定、耐用，与翅片式节能汤桶配合使用，热效率可达62%，比传统低汤炉节能50%以上。另外，该灶具采用一键式电子点火总成控制系统，安全系数高，使用方便。其结构如图4所示。

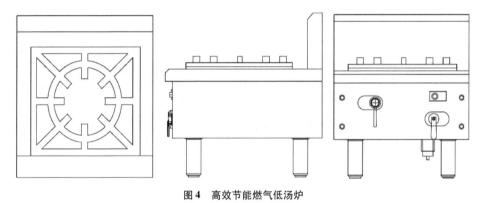

图4　高效节能燃气低汤炉

3.3　关键技术

1. 高效节能中餐燃气炒菜灶

谁与争锋公司首次将烟气再循环技术应用在商用灶具领域，研发出一种通过烟气再循环技术实现高温低氧燃烧的鼓风式灶具，并申请了专利。其燃气燃烧器采取了以下措施来减少燃气燃烧后热量的流失。

（1）将传统炉灶的炉芯（燃烧器）、炉膛、锅圈三个部分做成整体结构，并采用耐热合金材料制造。此结构的锅圈是密封的，杜绝了传统中餐炒菜灶热量大量流失的现象。

（2）炉膛设计成双层内空结构（外层为保温层，内层为蓄热辐射层），并在接近锅圈的炉膛内层的上部设置了分火排烟通道。通过这种结构，燃气在炉膛里燃烧后产生的热量在加热炒锅后，将部分高温废气通过分火排烟通道进入双层蓄热室，并将携带的部分热量传导至双层炉膛的内层，转变成辐射热，然后通过高温烟气回流管道（另一端与鼓风机连接），再次进入鼓风机，与鼓入的空气混合后，进入燃烧室与燃气混合燃烧。烟气再循环燃烧技术降低了燃烧后高温烟气中 CO 和 NOx 的含量，降低了高温烟气中的含氧量，减少了热量流失，提高了热效率。

（3）该燃气燃烧器的炉膛空间被设计成与炒锅底部相吻合的球凹形结构，在炉膛内的分火排烟孔的下方放置多孔红外线蜂窝材料，热量可以更加有效地被炒锅所吸收；而将多孔红外线材料与锅底的距离适度调节，可增加换热，减少辐射热的损失。

2. 高效节能燃气蒸柜

高效节能燃气蒸柜的关键技术如下。

（1）水及蒸汽系统全采用不锈钢制作，干净卫生。

（2）采用变频风机，可节约电能。

（3）燃烧噪声小于 65 分贝，低于有关规定。

（4）特殊的水胆结构设计，换热面积大，加热效率高。

（5）蒸层蒸汽流动合理，实用效率提高 30%。

（6）在保证所需蒸汽量的同时比传统蒸柜所消耗的燃气量少 50%；每小时天然气耗气量仅 2.4 立方米。

（7）燃烧完全，烟气中 CO 含量少，炉头的特别设计以及火管对火焰的拉长作用，使得火焰温度分散，烟气中氮氧化物较少。

（8）蒸层柜门的特殊结构设计，使得漏气得到控制。

（9）采用安全可靠的电子脉冲自动点火，使自动化程度提高。

（10）熄火保护设置，可防止燃气泄漏引起事故，确保安全。

（11）放水开关特别设置，使放水操作方便，减少水垢对水胆的不利影响。

（12）蒸层排水"U"形设计，防止蒸汽由下部外溢。

（13）蒸汽安全排气口设置合理，正常运作时无蒸汽外泄，保证了蒸汽利用率。

（14）用15组火排加热，火力分布均匀分散，可提高使用寿命。

（15）主要零件设置在前部，方便使用和维修，可减少侧部预留空间。

3.4 技术先进性及指标

1. 高效节能中餐燃气炒菜灶

（1）燃烧中的噪声：69分贝，低于标准85分贝（A）。

（2）干烟中的CO含量：0.013%。

（3）干烟中的NOx含量：0.007%。

（4）热效率：45.5%，高于标准25.5%。

（5）能效等级：一级。

经天津国家燃气用具质量监督检验中心检测，在热负荷21kW时，高效节能中餐燃气炒菜灶的热效率可达45.6%，达到了国家一级能效标准；在热负荷35kW时，高效节能中餐燃气炒菜灶的热效率可达43.8%，达到了国家二级能效标准。

2. 高效节能燃气大锅灶

（1）燃烧噪声：63分贝。

（2）干烟气中CO（α=1）：0.002%。

（3）干烟气中NOx（α=1）：0.003%。

（4）热效率：66.7%。

（5）能效等级：一级。

3. 高效节能燃气蒸柜

（1）运行噪声：65分贝。

（2）干烟气中CO（α=1）：0.003%。

（3）干烟气中 NOx（α=1）：0.011%。

（4）热效率：91.2%。

（5）能效等级：一级。

4 典型案例

4.1 案例概况

谁与争锋公司对北京交通大学食堂进行节能技术改造，向其提供厨房内有关燃气的商用节能设备，以及这些设备的安装、改装及售后服务。提供的设备具体为：鼓风节能灶头（ZCTG1-21A）92 台，鼓风大锅节能灶头（DZ-TK780/28-A）36 台，蒸柜节能灶头（ZXTG28-A）14 台，灶头节能装置及炉芯 15 套。

4.2 方案实施

北京交通大学共有 7 个食堂，改造前有商用燃气灶具单头中餐燃气炒菜灶 10 台、双头中餐燃气炒菜灶 52 台、炊用燃气大锅灶 24 台、燃气蒸箱 16 台，大部分灶具使用年限超过 5 年。经现场考察，中餐燃气炒菜灶和炊用燃气大锅灶炉膛是耐火砖的结构，膛型不规范，需经常维护；火焰呈红黄色，CO 严重超标，热效率低，火力不足，能源浪费严重。

在与校方节能办和食堂后勤管理方协调后，在北区食堂首先装上两台做试验。试验的目的，一是和传统灶具做对比，二是让厨师体验产品的火力和操作的便利性。安装当天，由该公司技术人员与校方节能办和后勤管理方一起做烧水对比试验，改装前测试了未改造的灶具烧开 10 升水所耗燃气的数据，改造后又测试了烧开 10 升水所耗燃气的数据。经对比，节能灶具比未改造的灶具节能 38%。

2016 年下半年，北京交通大学 7 个食堂的 154 台（头）灶具均做了节能改造。运行一年后，经与过去三年使用燃气的平均数值比较，总体节能率为 30%，节能效果十分明显。

4.3 实施效果

该校食堂在节能改造前用能情况：每年的燃气费约为 89.76 万元，月平均为 7.48 万元。

节能改造产生的节能效果：节能率为 40%。

节能改造投资额：共投资 53.33 万元。

节能改造效益：按原来月平均燃气费 7.48 万元，节能率为 40% 计算，则每月可节省燃气费 2.99 万元，一年可节约燃气费约 35.88 万元。

投资回收期：53.33÷35.88≈1.5 年，即约 1.5 年可收回全部投资。

北京交通大学改造 154 台节能燃气灶，减少了燃气消耗和污染物排放，按原来月平均燃气费 7.48 万元计算，每月可节省燃气费 2.99 万元；按天然气用量来计算，则每月平均可节省天然气 9645.16 方，年节省天然气 115741.9 方，约折合 843.27 吨标准煤。

4.4 案例评价

在节能改造约半年后，谁与争锋公司对北京交通大学食堂后勤管理方进行了回访，厨师一致反映节能改造后的灶具火力猛，操作简便好用，噪声小；且锅起火灭的功能使操作空间的温度大大降低，厨师工作环境有了很大的改善。

该案例中采用的自主知识产权烟气再循环余热利用低氮燃烧专利技术，获得了由中国土木工程学会燃气分会颁发的"燃气具行业原创技术成果二等奖"，中国烹饪协会颁发的"中餐科技进步二等奖"，属于行业原创，有着较高的技术含金量。

湖北谁与争锋节能灶具股份有限公司成立于 2009 年，注册资金 2000 万元，公司总部位于世界水电之都——湖北省宜昌市。公司拥有专业技术人员数十人，经营范围为节能厨具设备、节能蒸汽设备、节能热水设备、油烟净

化设备、油烟在线监测系统、制冷设备、厨房设备、酒店用品、家用电器，不锈钢制品的生产、销售、安装及售后服务。公司于 2015 年 12 月进行股份制改革，并于 2016 年 3 月在武汉光谷股权交易中心挂牌上市。

谁与争锋公司参与了多项国家标准和行业标准的起草，是中国土木工程学会燃气分会商用燃具专业委员会副主任委员单位，中国工程建设标准化协会城镇燃气专业委员会委员单位，全国燃烧节能净化标准化技术委员会委员单位。2015 年，谁与争锋牌商用燃气灶具系列产品相继获得由中国质量认证中心（CQC）颁发的商用燃气灶具类《中国节能产品认证》证书和《中国环保产品认证》证书，并通过商用燃气灶具类能效标识备案，被财政部、发展和改革委连续七期列入《节能产品政府采购清单》，被国家机关事务管理局连续多期列入《公共机构节能节水参考目录》。2018 年被教育部列入"能效领跑者"示范建设试点项目企业库。

公司目前拥有商用燃气燃烧器具多个品类的 CQC 自愿性安全认证证书、质量等级 A 级认证证书、节能环保认证证书、食品接触产品安全认证证书和燃气燃烧器具安装维修企业资质证书，拥有多项自主知识产权。

湖北谁与争锋节能灶具股份有限公司实施的北京交通大学食堂灶头节能改造项目，通过烟气再循环余热利用、预混蓄热燃烧、变频燃烧等多项专利技术，运行稳定可靠，节能效果明显，具有一定的先进性、引领性和示范性，有良好的推广价值和应用前景。

华电长沙电厂制粉系统分离器整体优化改造

1 案例名称

华电长沙电厂制粉系统分离器整体优化改造

2 技术提供单位

华电电力科学研究院有限公司

3 技术简介

3.1 技术应用领域与开发背景

华电电力科学研究院有限公司（以下简称华电电科院）研制的制粉系统分离器适用于多相流系统的多相流分离，可应用于电力、化工、冶金、水泥等行业，特别适用于燃煤电厂制粉系统的气固两相分离。

燃煤电厂的粗粉分离器安装在磨煤机出口，主要将磨煤机出口气流携带的煤粉进行筛选分离，细度合格的煤粉被气流带走，不合格的煤粉返回磨煤机再次磨制。而直吹式制粉系统的粗粉分离器出口气流直接送往锅炉燃烧。中间储仓式等系统还需设置细粉分离器，将粗粉分离器出口的煤粉气流再次进行气固分离，大部分煤粉被捕集起来送到粉仓，少量细煤粉随气流经排粉机直接送入炉膛燃烧。图 1 为典型的煤粉锅炉中储式制粉系统。

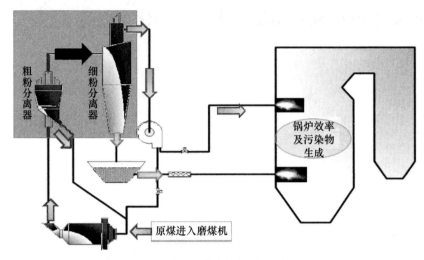

图 1　煤粉锅炉中储式制粉系统

　　粗粉分离器对煤粉细度有一定的调节能力，能适应负荷变化，并具有一定的煤种适应性。粗粉分离器既要保障磨煤机出口粒度较大的煤粉能够被分离回流到磨煤机，也要确保细度合格的煤粉能被气流携带走，从而提高磨煤机的产能，降低制粉单耗。对于直吹式制粉系统，粗粉分离器还直接影响风、粉在一次风管的均匀分配。

　　粗、细煤粉分离器不仅直接影响着制粉系统的能效，还影响着锅炉效率、NOx 排放和机组的稳定运行。它既要保障分离效果，也应有较小的流动阻力。结构合理的煤粉分离器还可减少装置的堵塞和下游设备的磨损。

　　制粉系统和燃烧系统风管的风、粉均匀性影响到锅炉炉膛动力场、浓度场和温度场。粗、细粉分离器的管网调平是保障锅炉燃烧系统正常运行的基础。

　　制粉系统分离器的常见问题包括以下六个方面。

　　（1）制粉单耗偏高，合理煤粉细度下出力不足。

　　（2）经济出力下煤粉细度偏粗、均匀性差，使火焰中心和排烟温度升高、减温水量增大、灰渣可燃物超标。

　　（3）一次风管的风、粉分配均匀性差，易造成燃烧器的着火稳燃差，NOx 排放高，飞灰和炉渣含碳量增大，造成炉膛结焦和高温腐蚀等。

（4）径向粗粉分离器径向挡板受长、软物质堵塞严重，阻力急剧增大；轴向粗粉分离器体积过大，下挡板磨损严重。

（5）细粉分离器效率低，造成排风机叶轮磨损严重，间接导致三次风/乏气管风、粉分配不均，影响燃烧效率和 NOx 排放等。

（6）实际运行中，在煤种偏离设计和校核煤种时，分离器性能差、调节能力不足，制粉系统无法在正常工况下运行。

针对目前我国燃煤电厂制粉系统煤粉分离器普遍存在的高耗低效、频繁堵塞和严重磨损等问题，华电电科院发明了具有自主知识产权的旋惯耦合多级旋风粗粉分离器和高效细粉分离器，并结合自主研发的管网调平等技术，对制粉系统进行整体优化，提高了制粉系统对煤质和负荷改变等引起工况频繁变化的适应性。

3.2　技术原理

制粉系统分离器多采用离心分离原理，即根据多相介质在转向流动中的惯性差异进行相分离。通常该类分离技术的介质旋转离心力比重力大 1～3 个数量级，这样更易使密度大的介质贴壁或集中流动，再靠重力向下富集。介质自身特性、旋流的切向速度、升降速度和旋流半径等参数及设备结构形式影响着气相与固相的分离和对固相的夹带。合理的参数和结构可在最佳分离效率下减小系统流动阻力和磨损。尽管多种类型的旋流分离器已有设计规范，但由于具体工艺和流体特性及流动稳定性等因素的影响和限制，性能良好的多相流分离装置的设计十分复杂。

图 2 为典型的传统粗粉分离器。其进口空间没有充分利用，而出口压降很大，进口内锥和出口位置煤粉的冲击、不均匀聚集，易加速磨损、增加二次携带，并使大量细度合格煤粉返混回流。其内锥是进行气流惯性分离的元件，易磨损进粉，形成安全隐患；内锥后转向煤粉会撞击外壁，并在中间形成负压旋涡，易引起中心筒变形。

图 3 为华电电科院开发的旋惯耦合多级旋风粗粉分离器。气固混合气流

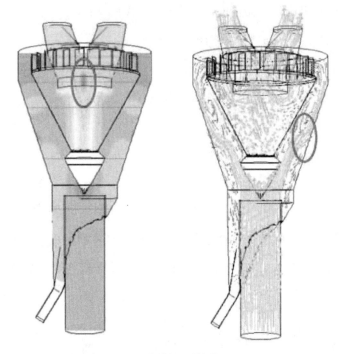

图 2　传统粗粉分离器

首先流经进口管内导流叶片，通过离心作用使粗颗粒和部分较粗颗粒在装置
下部随气流分离出来；气流依次流经下、上挡板时旋流作用增强，再次进行
离心分离，大部分较粗颗粒在装置上部边壁处被二次分离，合格的细煤粉随
气流经出口排出。通过采用多级离心分离组合控制，取消撞击分离和出口叶
片旋流的组合，可在提高有效容积强度和均匀性指数的基础上，减小气流在
装置内的涡流损耗和流动阻力，同时多级旋流控制更易提高出口细度的可控
性。该粗粉分离器通过改进结构形式，不仅解决了传统分离器存在的问题，
而且为进一步深入、精细优化多相流的分离性能提供了基础。

　　图 4 为某电厂分离器改造前后分离器切向速度对比，横坐标为流体所处
位置的半径，纵坐标为旋流速度，z/H 为相对高度。从中可以看出，原分离
器仅在上下部具有过强的旋流作用，而中部空间利用较差。改造后的分离器
使旋流强度更为均匀，既提高了装置内部空间的利用率，也增强了煤粉细度
的多级调控性能。

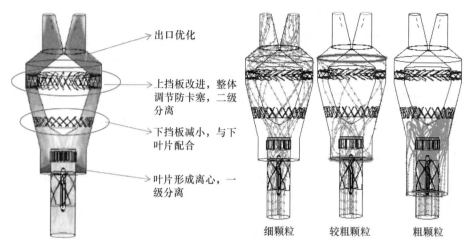

图3 新型粗粉分离器

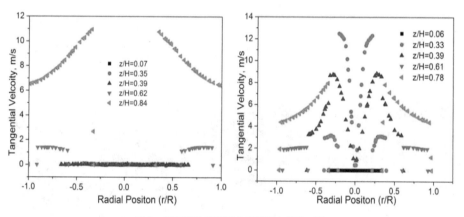

图4 分离器改造前后分离器切向速度对比

新型分离器减少了次生涡生成，涡流稳定，减少了震荡，消除了二次回流，流动阻力减小，分离效率提高。

多相流离心分离过程中存在动态变化的内、外三维旋涡。在分离关键阶段控制和合理利用涡的稳定性，是多变工况下提升多相流分离效能和可控性的关键。华电电科院研究了复杂工况下气、固离心分离过程中涡形成的机制及其不稳定性，提出了稳涡多相流分离机理，通过减少次生涡生成、稳定涡流并减少其震荡、消除二次回流等来提高分离性能。此外，针对燃煤电厂风粉分离器的各种问题，开发了多种功能模块；并根据气固惯性分离特性、系统间流动/颗粒特性匹配，以及强旋流模块的耦合特性等，对分离器整体及各模块结构形式和尺寸进行了优化设计。

在旋惯耦合多级旋风粗粉分离器中（见图5），开发了可调式导流模块、动静组合挡板整体调节装置和交错式流场均布模块。可调式导流模块包括具有耦合关系的可调式强旋模块和稳涡构件，既可增强旋流离心力、保障分离效果，又可提高空间利用率和有效容积强度。动静组合挡板整体调节装置采用入口挡板静止（手动可调）、上下旋流电动联合调节的多层调节组合；下旋流强化惯性分离，上旋流强化出口细度和均匀调整，不仅具有较小的流动阻力、较高的均匀性指数，同时更易控制分离器出口携带煤粉的细度，并减少细度合格煤粉的返混回流。由旋流中心区特定流线的圆台形构件组成涡核稳定控制模块，解决了离心分离过程中旋涡不稳定及颗粒返混的难题，消除了气流变化的影响，实现对粗粉分离器的灵活调节，增强了对多变工况的适应性。由出口导流构件组成的交错式流场均布模块，改善了粉管内煤粉均匀性的可调范围和调控性能。

图5　旋惯耦合多级旋风粗粉分离器主要部件

在高效细粉分离器中（见图6），开发了新型稳涡模块和出口背压模块。通过利用旋涡的不稳性和断裂特性，强化细煤粉与气流的分离，减少二次夹带；通过合理调整出口背压和湍流度，在降低分离器阻力的情况下，避免出口短路窜粉。

图 6　改造中的新型粗粉分离器（左图）和细粉分离器（右图）

3.3　关键技术

多相流离心分离过程处于一种复杂的三维强旋湍流状态，存在动态变化的内、外旋涡，离心分离过程受涡的不稳定性特征影响显著。在涉及多相流分离过程时，既要考虑不同相各自物性特性及相间复杂的相互作用，又要考虑内外旋涡的破碎、聚并、脱落、断裂及震荡等不稳定性特征。控制复杂工况下涡的稳定性，使其在分离关键阶段保持稳定，是多相流分离过程中的技术难题。

该技术开发中采用了 CFD 数值模拟、试验研究及工程应用相结合的手段。首先基于多相流分离理论构建了 CFD 数学模型，并进行结构优化设计，以物模试验（见图 7）实现分离器内粉体粒径分布的在线/离线测量。最后结合大量现场运行数据进行分析和验证，解决了复杂多相流分离器内气固流动特性较难精确捕获等技术难题。通过研究复杂工况下涡的形成机制，揭示涡的不稳定特性，找到如何消除次生涡并使主流涡保持稳定的方法，提出了稳涡多相流分离机理。结合稳涡结构设计和上下游构件对气流的影响，开发了高效稳涡多相流分离构件，有效控制涡的稳定性，消除细粉分离器次生涡，以及实现对离心调整叶片产生涡的控制等。

图7　物模试验

采用新技术可使叶片后紊流涡动显著减小，改善气固分离效果，并减少流动损失。

通过开发可调式强旋模块和稳涡构件，并协调二者的耦合关系和相互影响，解决了传统粗粉分离器离心力偏弱和空间利用率不足等关键问题；通过开发动静组合挡板整体调节装置，解决了挡板调节困难和逐一调节带来的角度偏差等问题；通过开发交错式流场均布模块，解决了粉管内煤粉均匀性不可调等难题；通过开发涡核稳定控制模块/构件，解决了离心分离过程中旋涡不稳定性及颗粒返混难控制等关键技术难题，且该模块/构件不受气流变化的影响，实现了粗粉分离器的灵活调节，提高了制粉系统运行负荷，提升了制粉系统的整体性能。

通过开发背压模块，解决了降低细粉分离器阻力时的出口煤粉短路问题；通过研制新型稳涡部件，解决了细粉分离器二次夹带问题，提高了细粉分离器分离效率。

总之，通过理论、试验研究和实践验证，案例技术突破了旋风分离器旋涡断裂动力学、旋涡耗散和旋涡稳定性等技术瓶颈制约，掌握了分离器内部复杂流场，建立了性能优良的分离器模型。

3.4　技术先进性及指标

由于分离器各模块的分级、耦合、协调设计，风粉流动均匀，局部阻力调控合理，可在较高的分离效率下，减小装置的磨损和流动阻力。

旋惯耦合多级旋风粗粉分离器的上下挡板整体调节灵活，可接入分散控制系统（DCS），实现自动控制和智能控制；分离器容积强度增大，煤粉细度和均匀性得到改善，相同细度下出力平均可提高10%以上；制粉系统粉管风速均匀性明显改善，锅炉对煤种及负荷变化的适应性提高。

高效细粉分离器效率远高于90%的标准，为目前国内最高。

在性能稳定的煤粉分离器保障下，易实现管网系统整体优化，锅炉制粉和燃烧系统性能得到改善，综合能耗得到降低。

表1和表2分别为粗粉分离器和细粉分离器国内外同类技术性能对比。

表1　　　　　　　　　　　　粗粉分离器国内外同类技术比较

对比指标	动态离心分离器（国外）	径向粗粉分离器（国外）	串联双轴向粗粉分离器（国内）	案例技术
分离机理	离心+撞击	离心+撞击	离心+撞击	离心
结构	复杂	复杂	较简单	简单
分离效率（%）	≈60	≈40	≈50	≈60
分离器压降	高	高	较低	低
煤粉细度 R_{90}	较低	高	较高	低
煤粉均匀性	>1.0	<1.0	<1.0	>1.0
调节灵活性	灵活	不灵活	较灵活	灵活
安全可靠性	易堵塞，维护量大	易堵塞，维护量一般	有堵塞，维护量一般	不易堵塞，维护量小
整体效果	好	差	一般	优于国内外

表2　　　　　　　　　　　　细粉分离器国内外同类技术比较

对比指标	细粉分离器（国内）	旋风分离器（国外）	案例技术
分离机理	离心分离	离心分离	离心分离
分离效率（%）	≈85	≈95	97.3
出口粒径（μm）	10	5	3
整体评价	一般	好	优于国内外

该技术已经成功应用于华电长沙发电有限公司、华电潍坊发电有限公司和华电石家庄裕华热电有限公司等单位。华电石家庄裕华热电有限公司实施该技术后，细粉分离器效率高达97.3%，制粉单耗降低约3~4kW·h/t，锅

炉效率提高约 0.6%，年节煤 3240 吨，两年内即可收回投资成本。华电潍坊发电有限公司实施技术改造后制粉系统效能大幅提升，机组在 670MW 满负荷下可减少一台磨煤机运行；运行粉管压降减少超过 1000Pa，一次风机电流降低超过 20A，同时 NOx 排放有所降低。

4 典型案例

4.1 案例概况

华电长沙发电有限公司 1 号机组制粉系统改造为该技术应用的典型案例，也是中国华电集团科研总院多相流分离技术应用的第一个示范项目。

该电厂 $2 \times 600MW$ 机组锅炉系东方锅炉（集团）有限公司生产的 DG1900/25.4-Ⅱ1 型超临界直流锅炉，采用直吹式制粉系统，前后墙对冲燃烧。每台炉共配有 24 个日立—巴布科克公司（BHK）生产的 HT-NR3 型旋流煤粉燃烧器，与之配套的是 6 台 BBD4060 型双进双出磨煤机，采用双轴向粗粉分离器。

改造前，该电厂制粉系统在运行中存在较多问题，包括：制粉系统最大出力不足，经常制约机组高负荷运行；一次风煤粉较粗，细度均匀性差，调节困难；一次风管网阻力和煤粉浓度分配不均，燃烧器运行工况偏离设计，影响了燃烧效率和氮氧化物的排放。随着机组运行年数的增加，设备状况逐渐恶化。

为解决上述问题，华电长沙发电有限公司采用新技术进行制粉系统的单磨改造，改造后性能指标显著提高，运行安全可靠。经长时间的运行检验后，2017 年又采用该技术进行了制粉系统整体改造（见图 8、图 9）。

整体改造方案的核心内容为更换 6 台磨煤机出口的粗粉分离器，同时根据新分离器特点及原煤粉管网的问题，对一次风管网系统进行优化改造。

改造后，粗粉分离器使用性能得到改善，挡板整体调节灵活、操作简单方便；制粉系统的总体性能指标显著提升，制粉系统最大出力、分离器效率、煤

图 8 华电长沙电厂制粉系统改造后现场

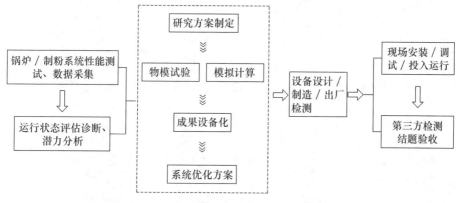

图 9 技术方案实施流程

粉细度和均匀性明显提高，制粉系统阻力明显降低。系统整体改造提高了锅炉对煤种变化的适应性，降低了氮氧化物原始排放，提高了锅炉燃烧效率。

4.2 方案实施

在方案制订前，首先对现有设备系统状况进行试验测试摸底。根据实际情况和已有资料，采用 CFD 数值模拟计算的方法对制粉系统关键部分进行模拟计算，通过与运行数据的对比分析，确诊问题并估算误差，为系统改造方案和修正新装置结构参数提供参考。

制订初步改造方案后，对磨煤机出口、分离器内部结构流场和一次风管网等整套制粉系统进行模拟计算。通过对方案进行多次计算和优化调整，保障制粉系统的各项指标达到最优的组合，即在保障机组出力和燃烧效率下，尽可能降低制粉系统电耗。

4.3 实施效果

华电长沙发电有限公司委托国网湖南省电力公司电力科学研究院,在1号锅炉制粉系统技术改造实施前、后进行了性能检测(见图10、图11),出具了《多相流分离器改造性能试验报告》,测试结果(平均数据)对比如下(见表3)。

图10 技术方案实施现场

图11 技术应用现场参观

表3 部分设备性能指标改造前后对比

名　称		指标	改造前	改造后	对　比
E 磨	粗粉分离器	出力（t/h）	40.8	55.87	+15.03
		均匀性指数	1.01	1.02	+0.01
		细度 R_{90}（%）	17.05	14.5	-2.55
	制粉系统	压降（Pa）	2505	1170	-1335
		单耗（kW·h/t）	23.46	19.25	-4.21
B 磨	粗粉分离器	出力（t/h）	40.7	50.74	+10.04
		均匀性指数	0.83	1.03	+0.2
		细度 R_{90}（%）	18.38	17.24	-1.14
	制粉系统	压降（Pa）	3140	1685	-1455
		单耗（kW·h/t）	25.04	19.84	-5.2

改造前单台磨煤机最大出力为 44.3t/h，改造后最大出力为 53.34t/h，在煤粉细度比改造前降低的基础上，最大出力增加了 9.04t/h，提高 20%。

同工况对比下，改造前分离器效率为 47.28%，改造后分离器效率为 53.56%，相对提高约 13.3%，效率显著。

各取样煤粉细度均得到改善，平均比改造前下降 25% 以上；改造前煤粉均匀性指数平均为 0.97，改造后达 1.04，提高了 0.07。

改造前系统压降为 2605Pa，改造后系统压降为 1575Pa，制粉系统一次风压降明显降低。

制粉单耗降低了 4.73kW·h/t，有效降低了厂用电率。

新分离器的挡板调节方便快捷，可为锅炉燃烧宽煤种提供合格的煤粉细度，提高劣质煤的燃尽率并保障锅炉效率。

系统改造后，不计对煤种变化适应性和锅炉效率的提高，仅按照制粉单耗降低和系统压降减少节省的用电量估算，就有显著的经济效益。以机组平均年运行 6500h、制粉量 220t/h 计算，制粉单耗平均降低 4.73kW·h/t，则制粉电耗减少可年节省费用 304.4 万元；系统压降减少 1030Pa，则一次风机电耗减少可年节省费用 86.6 万元。总计约 391 万元。

4.4 案例评价

本案例中将多相流分离技术应用于双进双出直吹式制粉系统，开发了可调式导向旋流新技术，适用于宽煤种且挡板整体可调，避免了传统分离器撞击分离导致的磨损大、阻力大及均匀性差等问题，提高了制粉系统出力、改善了煤粉细度和均匀性、降低了分离器阻力，实现了燃煤发电机组煤粉分离领域的突破创新。中国电机工程学会对该技术的鉴定意见为"技术整体达到国际先进水平"。

制粉系统相关技术在华电长沙发电有限公司应用后效果显著，后推广至华电潍坊发电有限公司、华电石家庄裕华热电有限公司等。国网湖南省电力公司电力科学研究院专家评价："本案例技术产品用于燃煤电厂制粉系统分离器改造，与原设计相比，平均最大出力提高约20%，制粉单耗平均降低 4.73kW·h/t，压降平均降低 1030Pa，煤粉细度和均匀性均有所改善，经示范，年节煤近 4000 吨。节电、节煤效果显著，可复制性强，推广潜力大。"

华电电力科学研究院有限公司始建于 1956 年 10 月，是中国华电集团有限公司（以下简称中国华电）直属的唯一科研机构，曾隶属电力工业部、水利电力部、能源部。华电研究院坚持"面向集团、服务主业、产研结合"的发展方针，以中国华电"五三六战略"为引领，积极履行中国华电赋予的集团技术监督、技术服务、技术支撑和集团中央研究院职责，全面服务中国华电及其直属单位和所属 300 余家境内外发电企业，全力为能源行业的科学发展和技术进步作出积极贡献。其中，多相流分离技术研究及应用中心（以下简称多相流中心）隶属华电研究院，以分离技术创新为核心，以物理实验、数值模拟、大数据分析和智能化技术为手段，以设计制造世界领先分离核心装备和促进分离技术发展为使命，开展能源、化工、环境等工业领域的多相流分离技术研发及应用，并打造一流的分离装备研发基地、数值模拟和数据分析服务基地。

近年来，多相流中心累计获得知识产权 30 余项。获奖情况如下：2017 年度华电集团科技进步二等奖；2017 年度电力企业科技创新成果二等奖；2018 年度电力创新奖二等奖；2018 年度第三届中国设备管理创新成果奖二等奖（技术创新类）；2018 年度华电集团科技进步三等奖；2018 年度华电电科院项目管理二等奖；2019 年度华电电科院科技进步二等奖；2019 年度华电电科院专利金奖；2020 年中国节能协会科技进步二等奖。另外，旋惯耦合式分离器和多相流烟气深度净化装置在 2018 年获得北京市新技术新产品（服务）证书。

华电电科院多相流分离技术中心由一群年轻博士、硕士及经验丰富的技师组成，在气固两相流、颗粒流和颗粒动力学方面具有丰富的 CFD 模拟和工程技术应用经验，拥有先进的技术及装备研发手段和高性能计算集群。

针对燃煤电厂在生产流程和污染物控制环节分离设备性能低下、能耗较高等问题，华电电科院以高效多相分离技术为基础，创新提出燃煤电厂"超低成本、超低能耗、超低排放"节能减排技术路线（"三超低"技术路线），提高系统运行效能，降低污染物排放；"三超低"技术路线以燃煤电厂风粉流程为对象，包括前端制粉系统整体优化、锅炉燃烧优化，中段高温烟气烟尘处理、电除尘提效、湿法脱硫提效和尾部的烟气深度净化和废水零排放处理，实现燃煤电厂前、中、后端全流程的节能减排；"三超低"技术路线分阶段实施，目前制粉系统整体优化技术和烟气深度净化技术已完成了不同类型系统、不同容量燃煤电厂的示范应用，效果明显，成功验证了技术可行性和有效性，其应用历程如下。

2013 年 9 月，国内首台中储式制粉系统整体优化技术示范应用项目在河北华电鹿华热电有限公司成功实施。

2014 年 12 月，国内首台直吹式制粉系统优化技术示范应用项目在湖南华电长沙发电有限公司成功实施。

2015 年 12 月，国内首台尾部烟气深度净化技术示范应用项目在山东华电章丘发电有限公司成功实施。

2016 年 6 月，国内 600MW 机组直吹式制粉系统优化及高性能分离器推广项目在山东潍坊发电有限公司成功实施。

2016 年 7 月，国内首台 600MW 机组烟道内水平烟气深度净化技术示范应用项目在湖南华电长沙发电有限公司成功实施。

2017 年 6 月，国内首台 600MW 机组采用多相流技术的制粉系统整体优化示范应用项目在湖南华电长沙发电有限公司成功实施。

2018 年 11 月，国内 600MW 机组直吹式高性能分离器推广项目在山东潍坊发电有限公司成功实施。

2018 年 11 月，国内首台中储式粗、细分离器技术改造项目在河北华电裕华热电有限公司成功实施。

2019 年 9 月，国内首台 600MW 机组烟道内立式烟气深度净化技术示范应用项目在湖南华电长沙发电有限公司成功实施。

2021 年 8 月，中速磨制粉系统节能优化技术示范应用项目在广安电厂完成技术开发工作，进入现场实施阶段。

2021 年 10 月，华电裕华热电脱硫岛塔内烟气净化项目完成 168 小时调试，正式投入运行。

2021 年 11 月，华电鹿华热电脱硫岛塔内烟气净化技术完成合同签订，进入实施阶段。

该案例技术产品针对燃煤电厂锅炉制粉系统分离器能效偏低问题，采用先进的多相流离心分离原理和多级分离模式，对挡板进行整体协同调节，在提高均匀性指数和有效容积强度的同时控制细度，增强了制粉系统对煤质多

变、负荷多变等工况的适应性，实现了制粉及燃烧系统的整体优化。该自主
研发技术提升了我国多相流分离技术和装备制造业的核心竞争力，实现了低
能耗、低排放、高效率，可广泛应用于水泥、冶金、石化等行业的制粉系统
和气固分离领域。

江苏泰利达新材料公司乙醇自回热精馏节能改造

1 案例名称

江苏泰利达新材料公司乙醇自回热精馏节能改造

2 技术提供单位

江苏乐科节能科技股份有限公司

3 技术简介

3.1 技术应用领域和开发背景

江苏乐科节能科技股份有限公司（以下简称江苏乐科公司）提供的乙醇自回热精馏节能技术可应用于化工、石化、制药、精细化工等行业，特别适用于甲醇、乙醇、乙烯、丙烯等的精馏过程，可大幅减少精馏过程的能耗，降低生产成本。

精馏通常是利用精馏塔中部进料和上部回流得到高纯度分离组分的蒸馏方法，是工业上应用最广的液体混合物分离操作。典型的传统精馏系统如图1所示。其通过热源的高温蒸汽等输入热量加热塔底混合液，使其中易挥发组分蒸发，产生的气相到达塔顶后，再被冷源的低温冷却水冷凝为液相，汇集的液相即为塔顶出料和回流液。由于蒸发、冷凝的汽化潜热很大，精馏循环过程的热源和冷源都存在很大的热交换，如果热源热量被冷源直接带走，不仅需要热源不断输入热量，同时也加大了冷源的工作负担，使得系统的总能耗很高。在化工生产中，精馏过程消耗的能量约占整个化工行业消耗总能量的25%～40%，而我国目前的精馏过程能量利用效率只有10%左右。因此，如何降低精馏过程的能耗，成为化工领域关注的重要问题。

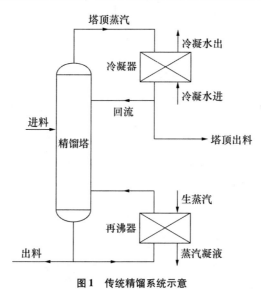

图1　传统精馏系统示意

通过回热形式回收余热用于精馏是提高精馏工艺系统能效的一种重要方法。常规的余热回收技术是利用出料的热量来回热加热进料，由于最小传热温差的限制，进料无法被加热到所需的工艺温度，剩余的加热热量仍需要外部热源来补充，如图2所示。图3中的阴影面积为回热换热部分，可以看出，通过回热器回收的余热热量很少，由加热器输入、被冷却器带走的热量很多。

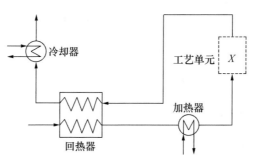

图2　常规回热加热工艺流程

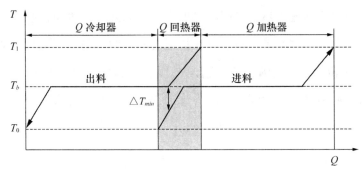

图3 常规余热回收工艺温度—热量

图4是典型的常规回热精馏工艺流程图。该工艺的塔顶蒸汽需经过冷凝器冷凝为液相后再出料和回流。系统通过第1预热器进行塔顶出料的1级回热加热进料，通过第2预热器进行塔底出料的2级回热加热进料。因为传热温差的限制，两级余热利用装置只回收了部分热量，而通过第2预热器后的加热器进一步提升进料温度，以及通过再沸器补充蒸发所需的加热量很大，因而两级回热后的蒸馏系统能耗仍然很高。

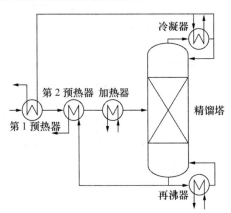

图4 常规回热精馏工艺流程

江苏乐科公司针对目前我国精馏能耗较高等问题，改进现有工艺，发明了具有自主知识产权的自回热精馏工艺系统。

3.2 技术原理

自回热工艺是一种减少外加热源供热量的新型节能工艺。图5为典型的自回热工艺流程。

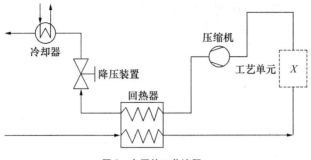

图 5　自回热工艺流程

　　自回热工艺是通过输入少量机械功来提升出料的热能品位，如图 6 所示，出料温度由 T_1 提升至 T_2，出料饱和温度也提高，从而使出料与进料的平均传热温差加大，在满足最小传热温差的前提下（$\Delta T > \Delta T_{min}$），可大幅增加回收的热量（图 7 中的阴影面积）用以加热进料，使之达到工艺要求的温度，实现高效节能的目的。

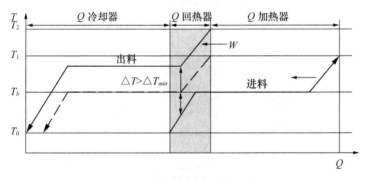

图 6　自回热原理演变温度—热量

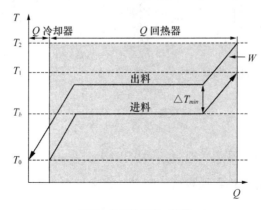

图 7　自回热温度—热量

图 8 和图 9 是两种自回热精馏工艺流程示意。

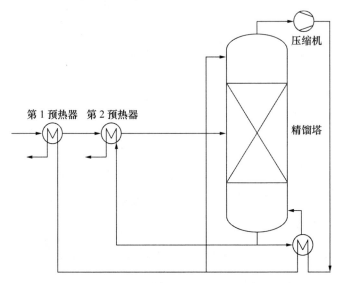

图 8   自回热精馏工艺流程一

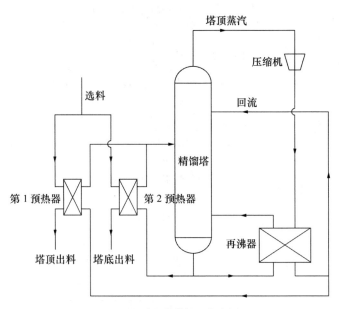

图 9   自回热精馏工艺流程二

精馏塔塔顶的低温蒸汽通过压缩机压缩来提高其温度及压力，然后送往再沸器，通过冷凝放热来加热塔釜料液。再沸器出口的冷凝液作为回流部分直接回流到精馏塔，塔顶出料部分则经过第 1 预热器加热进料后降温输出。

塔底出料则通过第2预热器加热进料后降温输出。两种工艺的差别主要是进料预热器分别采用串联和并联设置，具体应用时可根据传热温差、布置方式和经济性等进行优化设计。

自回热精馏通过蒸汽压缩机来增强精馏系统的循环运行，利用少量电能提高塔顶蒸汽的热品位，高效回收了塔顶蒸汽的汽化潜热，减少塔釜料液加热的外加能源需求，同时降低了塔顶冷却水的消耗，实现了精馏系统能量的循环回收利用，大幅降低了精馏过程的能耗。

3.3 关键技术

在实际项目应用中，热泵精馏技术常存在因系统负荷变化导致压缩机小流量运行时的喘振现象，不仅降低热泵精馏系统的能效，更重要的是影响了系统的正常生产；此外，热泵精馏系统的再沸器为小温差换热，单位换热面积的热通量较小，需配置较大面积的再沸器。江苏乐科公司拥有大型压缩机测试平台及有机物传热测试平台，掌握了多种蒸汽压缩机的设计、选材、机械密封和冷却等核心技术，提出了自回热精馏系统的直接压缩式和间接压缩式配套工艺方案。

1. 系统的优化设计

自回热精馏系统的优化设计需综合考虑精馏系统和能量回收系统的具体情况。江苏乐科公司根据多年的理论研究和工程实践积累，开发了不同的系统形式。

如前述的图8、图9为两种塔顶蒸汽直接压缩后进入再沸器的系统，可用于大多数的精馏装置。

间接自回热精馏系统则运用了热泵技术，具体方案如图10所示。热泵的循环工质在冷凝器吸收塔顶蒸汽热量后汽化，经压缩机提高温度和压力，进入再沸器加热塔底物料，同时循环工质被凝结，然后经节流调节装置降温，再进入冷凝器吸热，不断循环。在该系统中，塔顶蒸汽的冷凝器也是热泵系统的蒸发装置，塔底物料的再沸器也是热泵系统的冷凝装置。热泵系统具有较大的参数调控范围和较强的适应能力，通过热泵可提高热端再沸器和冷端冷凝器的传热温差，选择适宜的热泵循环介质和系统设计，可满足不同的蒸馏工艺要求。另外，采用热泵系统进行自回热精馏，有利于提高出料纯度，减少产品二次污染，满足塔顶或塔底物料需为高纯物质的要求。

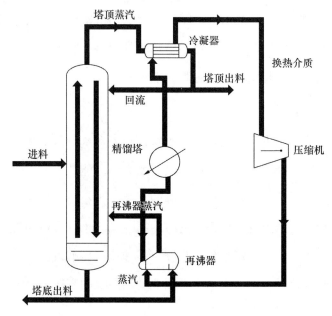

图10　间接自回热精馏

2. 双螺杆压缩机的定制

双螺杆压缩机是一种容积式压缩机，通过连续缩小工作容积使其中的气体压力升高。其具有自适应压比和强制输气的特征，使用变频调节转速可实现接近线性的流量调节性能。螺杆压缩机对多相流有较强的适应性，允许带液运行，适于湿度较大的乏汽增压。

自回热精馏系统所应用的双螺杆压缩机为第三代不对称型线，见图11。型线均为点带状啮合，运行平稳，曲面密封好，容积效率高。通过几何特性、结构强度和转子动力学等研究，结合工质的热物性及工况要求，江苏乐科公司的研究人员对流量、压比、压差、效率等方面进行综合优化，设计出单级压比高、流量范围广、调节能力强、运行稳定性高的自回热精馏系统专用蒸汽压缩机。

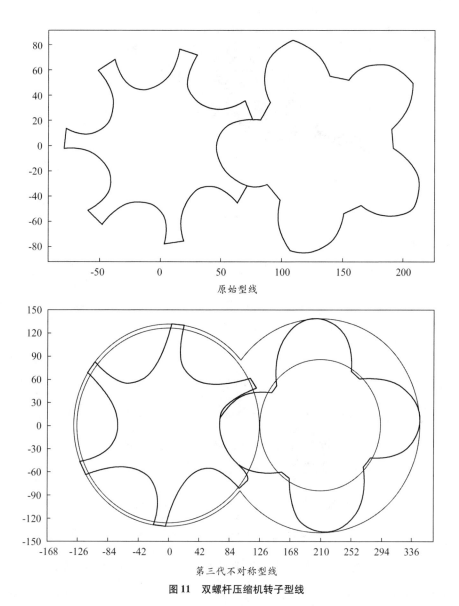

原始型线

第三代不对称型线

图 11　双螺杆压缩机转子型线

　　图 12 为基于几何特性计算结果制作的转子模型。通过精确分析转子上的压力分布，对轴承、转子等进行结构强度校核，使轴承设计寿命超过 10 万小时。

　　干气密封的大型双螺杆压缩机的使用寿命取决于压缩机的工作振动值。为此，制定了转子动力学设计企业规范，对常规的横向振动和大型压缩机特有的扭转振动进行全面分析，要求压缩机振速不大于 5mm/s。

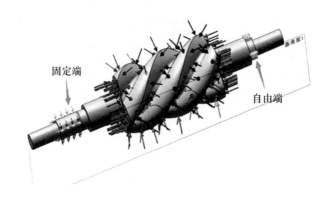

固定端

自由端

图 12　转子模型

3. 高效换热再沸器的研发

自回热精馏系统的再沸器采用了自主研发的横管降膜蒸发装置,具有传热系数高、结构紧凑、节省耗材等优点。图 13 为横管降膜装置基本结构,图中压后蒸汽来自双螺杆压缩机出口。

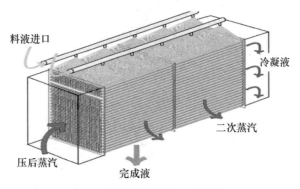

料液进口

冷凝液

二次蒸汽

压后蒸汽

完成液

图 13　横管降膜装置基本结构图

多组分混合料液通过布液器均匀地喷淋在横管外壁面,管外壁形成的液膜沿圆周做降膜流动。通入管内的蒸汽加热管外液膜使其升温,首先达到沸点的工质发生汽化,从而使混合料液液膜温度趋于稳定。随着蒸发过程不断进行,蒸汽分压逐渐升高,流出气流也增加,最终形成稳定的液膜温度。因低沸点工质的连续蒸发,混合料液中高沸点工质浓度不断提高,最终实现混合料液的组分分离。

通过结构设计和优化控制参数,横管降膜换热器可使管内外均以相变传热为主,并迅速降低壳侧料液层流底层的厚度,降低传热热阻,实现小温差下的高热流密度，提高换热能力。图14为水平管蒸发器液膜的动力学过程研究。

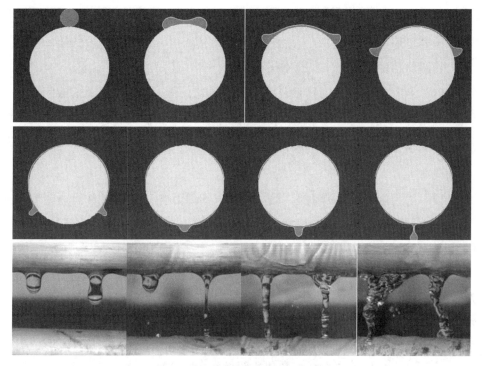

图14　水平管蒸发器液膜动力学研究

3.4　技术先进性及指标

瑞士 Sulzer 公司首次在乙苯—苯乙烯精馏装置中使用了热泵技术，取得了节能50%的良好效果。目前国外许多公司陆续研发了自回热精馏（机械式蒸汽再压缩技术）热泵精馏系统并推广应用。但由于设备投资巨大、建设周期长，故国内较少引进。我国精馏节能技术的相关研究和应用与国外相比还有较大差距，真正自主设计制作、实际工程化应用的成功案例很少。

江苏乐科公司一直从事蒸汽再压缩蒸发精馏系统及关键部件的研发制造，拥有自主知识产权的自回热精馏工艺技术；现已申报国家相关专利20余项，其中发明专利已授权4项。自回热精馏系统将塔顶蒸汽热量和压缩机的压缩功等作为加热塔釜料液的热源，再沸器既对塔釜料液起加热作用，也对塔顶蒸汽起冷凝作用，使系统无须大型冷凝器、冷却塔、蒸汽发生器（或蒸汽锅炉）等公用工程设备，减少了投资费用。

目前，江苏乐科公司所建设实施的自回热精馏项目已超过 20 台套，物系涵盖甲醇、乙醇、丙酮、对苯二酚、甲醇钠等各类有机工质，大部分项目已稳定运行超过 3 年。

自回热精馏工艺的主要技术指标如下。

（1）针对不同的精馏物系及精馏纯度要求，可采用直接压缩式或间接式自回热精馏系统，其运行能耗较传统精馏技术均可节省 40% 以上。

（2）自主开发的横管降膜再沸器的传热系数较传统再沸器（热虹吸式）提高 20% 以上。

以甲醇为例，2018 年我国甲醇产量达 3585 万吨，如采用自回热精馏技术，则全国甲醇生产每年可节省运行费用 350 亿元，年节能量折合标准煤近 200 万吨。

4 典型案例

4.1 案例概况

案例技术应用单位为江苏泰利达新材料有限公司，其主要生产羧甲基纤维素钠（CMC）系列产品和聚阴离子纤维素（PAC）系列产品，其中，CMC 年产能 2 万吨。在 CMC 生产过程中，溶剂乙醇需通过精馏提纯回收，精馏过程能耗较大，运行费用很高。江苏乐科公司于 2017 年对江苏泰利达新材料有限公司的乙醇精馏系统进行了自回热精馏节能改造。该项目采用合同能源管理模式运作，总投资约 350 万元。图 15 为自回热精馏技术改造现场照片。

项目改造后系统运行平稳，单位进料量减少能源消耗折标准煤量为 19.2kgce/m³，节能率为 42.05%，节蒸汽率为 66.67%。改造后系统每年可为企业节省运行费用 216.3 万元。

4.2 实施方案

该案例中采用直接压缩式自回热精馏技术，依据原精馏塔工艺参数来设计改造方案。具体见图 16。

图 15　泰利达公司乙醇自回热精馏技术改造现场

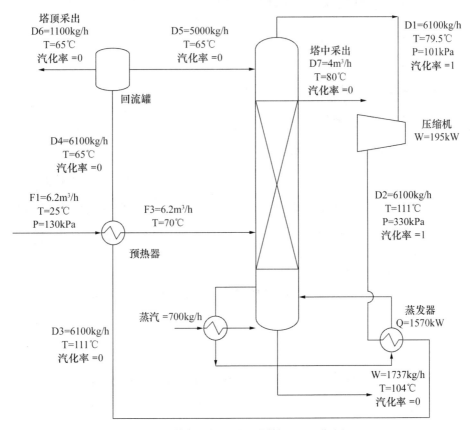

图 16　江苏泰利达公司自回热精馏项目工艺流程

（1）原精馏系统的主要设计参数如下。

进料组分：乙醇 60%，水 35%，氯化钠 5%

进料量：5.8～7.3m³/h

塔釜温度：103.5℃

塔顶温度：79.5℃

塔顶采出量：1.1t/h

蒸汽消耗：3.5t/h

循环冷却水流量：150t/h

（2）改造后自回热精馏系统的主要参数如下。

双螺杆式压缩机装机功率：250kW

压缩机过流介质流量：6.1t/h

压缩机前设计压力：101kPa

压缩机后设计压力：330kPa

横管降膜式再沸器换热面积：425m²

螺旋板式预热器换热面积：10m²

（3）项目具体改造内容如下。

在原塔顶蒸汽管路上新设置三通式管道，塔顶出口蒸汽一路连接至原有的塔顶冷凝器，另一路连接至 LG－400 型双螺杆式压缩机。压缩机将塔顶蒸汽进行压缩增温至 108℃以上（接近饱和蒸汽），增温后的蒸汽进入横管降膜式塔釜再沸器的管侧。

通过原系统塔底物料泵将塔釜料液泵送至横管降膜再沸器的壳侧，并通过喷淋方式使料液均匀分布于换热管外壁，与管内高温压缩蒸汽进行间壁式换热，使管内外介质均发生相变。

横管降膜再沸器管侧蒸汽冷凝后的高温凝液汇集，通过螺旋板式换热器来预热蒸馏系统的进料，从而对其显热进一步回收利用。降温后的凝液进入回流罐，一部分作为塔顶出料，另一部分作为回流进入蒸馏塔。

4.3 实施效果

自回热精馏系统通过压缩机提高塔顶蒸汽的热品位，回收塔顶蒸汽的冷凝相变潜热，实现了对精馏塔塔顶蒸汽所携带热量的循环再利用，从而减少了塔釜料液加热的外加能量需求，同时降低了塔顶冷却水耗量，显著降低了乙醇精馏过程的总能耗和运行费用。

1. 节能改造产生的经济效益

能源价格按项目单位的实际数据确定，即蒸汽价格：198 元/t；电价：0.8 元/kW·t；冷却水价格：0.2 元/t；系统年运行时间约 6000h。

（1）改造前

蒸汽耗费：$3.5t/h \times 198$ 元$/t \times 6000h = 415.8$ 万元/年

循环水耗费：$150t/h \times 0.2$ 元$/t \times 6000h = 18$ 万元/年

原系统每年运行费用：$415.8 + 18 = 433.8$ 万元

（2）改造后

双螺杆压缩机的平均运行功率约 218kW，蒸汽消耗量约 0.95t/h。

电耗费：$218kW \times 0.8$ 元$/kW·t \times 6000h = 104.6$ 万元/年

蒸汽耗费：$0.95t/h \times 198$ 元$/t \times 6000h = 112.9$ 万元/年

自回热系统每年运行费用：$104.6 + 112.9 = 217.5$ 万元

（3）改造前后对比

可以看出，采用自回热精馏节能技术后，系统每年可节省的运行费用：$433.8 - 217.5 = 216.3$ 万元。

2. 节能改造产生的社会效益

电力折标系数取 0.305kgce/kW·h，蒸汽折标系数取 0.095kgce/kg。

（1）改造前

单位进料量蒸汽消耗量：$3.5 \div 7.3 = 0.48t/m^3$

单位进料量消耗能源折标准煤量：$0.48 \times 0.095 \times 1000 = 45.6kgce/m^3$

（2）改造后

单位进料量电力消耗量：$218 \div 5.92 = 36.8kW·h/m^3$

单位进料量蒸汽消耗量：$0.95 \div 5.92 = 0.16 t/m^3$

单位进料量消耗能源折标准煤量：$0.16 \times 0.095 \times 1000 + 36.8 \times 0.305 = 26.4 kgce/m^3$

（3）改造前后对比

单位进料量减少能源消耗折标准煤量：$45.6 - 26.4 = 19.2 kgce/m^3$

每年减少能源消耗折标准煤量：$5.92 m^3/h \times 19.2 kgce/m^3 \times 6000h \div 1000 = 681.1 tce/$年

节能率：$19.2/45.6 = 42.05\%$

节蒸汽率：$(0.48 - 0.16) \div 0.48 = 66.67\%$

4.4　案例评价

节能改造后，乙醇精馏系统的运行能耗大幅降低，节能效果得到案例应用单位的认可。2017年11月，甲乙双方委托南京市节能技术服务中心对该项目的节能效果进行现场评估。南京市节能技术服务中心对项目运行数据进行了现场跟踪测试，并出具了《乙醇自回热精馏项目节能效果评估报告》。

自回热精馏系统配有智能测控系统，可远程组态监控系统压缩机运行频率等参数，方便操作人员对系统进行远程操控。节能改造过程中，保留了原有的塔顶冷凝器及连接管路，使其与新增的自回热精馏回路互为备用，增强了系统运行的可靠性。此外，该项目所使用的LG-400型双螺杆压缩机，通过型线优化设计，运行过程中振动小、噪声低，现场噪声低于75分贝。系统采用卧式安装的横管降膜式再沸器，降低了现场土建安装高度要求，现场设备高度集成，空间利用率较高。

江苏乐科节能科技股份有限公司是一家专门从事自回热精馏系统研发、生产和销售的高新技术企业，于2015年在新三板挂牌上市（股票代码：834786）。公司拥有数十项国家专利和非专利专有技术，在自主创新、专利技术和专有技术方面处于同行业领先地位。除节能型精馏工艺等系统的优化

设计外,公司的主要产品包括罗茨式蒸汽压缩机、离心式蒸汽压缩机、双螺杆工艺压缩机、高效蒸发器及高效换热器。

公司专有技术"机械蒸汽再压缩蒸发系统关键技术研究与应用"于2014年获江苏省科学技术奖二等奖,于2016年获第五届中国创新创业大赛新能源及节能环保行业第三名。

江苏乐科节能科技股份有限公司创建于2010年10月,注册资本6160万元,主营自回热精馏系统及其关键设备、蒸汽压缩机、蒸发冷凝换热器等,自回热精馏产品应用遍及石化、化工、环保、医药、轻工等领域。江苏乐科公司是国内专业自回热精馏系统核心技术的龙头企业,拥有自回热精馏核心技术,是"江苏省高新技术企业",连续三年获百优企业称号,先后被评定为"江苏省民营科技企业"、守合同重信用"AAA企业"、"泰州市创新型企业"等,是中国化工蒸发设备十强企业、中国节能协会节能服务产业委员会常务委员单位等。

公司先后承担了科技部中小企业创新基金"基于机械蒸汽再压缩的新型节能低温蒸发系统研发及产业化",科技支撑项目"适用于机械式热泵蒸发系统的大流量水蒸气压缩机关键技术研究"。公司主持研发的机械蒸汽再压缩系统获"2014年江苏省高新技术产品"称号;"机械蒸汽再压缩蒸发系统关键技术研究与应用"获得2014年江苏省科学技术二等奖;2016年入围第五届中国创新创业大赛行业总决赛,并获全国新能源及节能环保行业企业组第三名;2016年获得第四届江苏科技创业大赛三等奖。公司研发历程如下。

2008年,成为国内第一家专业工业能源回收公司,同年首套MVR系统在浙江新和成公司应用成功。

2009年,研制成功世界最大容积式蒸汽压缩机。

2010年,成立乐科节能科技,首套离心压缩机系统应用。

2012年,首套自回热精馏系统在重庆紫光甲醇钠装置应用成功。

2014 年，获江苏省科技进步二等奖，获评全国十强蒸发系统供应商。

2015 年，精馏专用双螺杆压缩机研发成功。

2016 年，自回热精馏项目获全国创新创业大赛第三名。

2017 年，国内最大蒸发量 MVR 系统，在联邦制药（内蒙古）有限公司应用，每小时蒸发量400吨。

2019 年，首套双级离心压缩机在自回热精馏系统应用。

江苏乐科节能科技股份有限公司在江苏泰利达新材料公司实施的乙醇自回热精馏节能改造项目，把精馏塔塔顶原本使用循环水冷凝的低温蒸汽，通过蒸汽压缩机提高压力和温度，用于再沸器中加热塔底物料。该技术既回收利用了蒸汽潜热，同时又降低了塔顶冷却系统的消耗，节能率高达40％以上。该技术拥有多项自主知识产权，性价比优于引进的热泵精馏技术，可应用于化工、石化、制药、精细化工等行业。

湛江中粤能源有限公司凝结水泵永磁调速器应用

1 案例名称

湛江中粤能源有限公司凝结水泵永磁调速器应用

2 技术提供单位

迈格钠磁动力股份有限公司

3 技术简介

3.1 应用领域

迈格钠磁动力股份有限公司（以下简称迈格钠公司）研发的永滋涡流柔性传动节能技术适用于电机传动系统，可用于火电、煤炭、冶金、石化、矿山、造纸、天然气、水泥、水处理、航空航天、军工等行业中的风机、水泵、皮带机等电机传动系统，尤其适用于风机、水泵等高耗能设备。该技术产品环境适应能力强，可在高温、低温、高海拔、高粉尘、湿度大、雷击、易燃易爆、腐蚀、空间狭小等恶劣环境中使用，不受电机类型限制，对电力品质无要求，适用范围广泛。

迈格钠公司针对目前我国工业传动系统普遍存在的"设备共振"引起系统故障、设备过载和卡咬引起的系统停机、设备安装时"对中"不精确引起的运行问题、变频器日常维护量越来越多及谐波对系统的干扰、液力耦合器发生漏油导致环境污染及安全问题等，开发了具有自主知识产权的永磁涡流柔性传动节能技术，具体产品为永磁联轴器、永磁调速器，可改善电机系统传动模式，提高整体能效，降低维护成本，延长使用寿命，对建设绿色工业、实现双碳目标等起到巨大的推动、促进作用。

永磁调速器结构如图 1 所示。该技术现已成功应用于全国 29 个省市的矿山、冶金、化工、水泥、电力、水处理等行业的泵、风机和皮带机中。

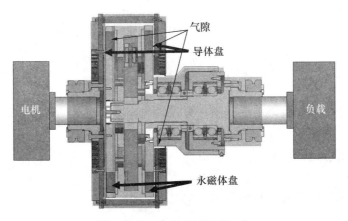

图 1　迈格钠永磁调速器结构示意

3.2　技术原理

迈格钠永磁涡流柔性传动节能技术依据现代磁学理论，遵循磁感应基本定律（楞次定律），应用永磁材料所产生的磁力作用，实现能量的空中传递。当电机带动导体盘旋转时，导体盘与安装在负载端的永磁体盘产生切割磁力线运动，进而在导体盘中产生涡流，该涡流在导体盘周围生成反感磁场，从而带动永磁体盘旋转，完成力或力矩无接触传递。

该技术利用磁性物质同性相斥、异性相吸的原理，把磁能转变为机械能，改变了传统的调速理念，以气隙传递能量，通过调整气隙大小来满足负载工艺要求，使传动更安全、简便、高效、环保。

3.3　关键技术

迈格钠永磁涡流柔性传动节能技术将传统的刚性连接改为无接触的纯柔性连接。由于电机与负载设备转轴之间无须机械联结，具有降低安装精度要求、有效隔离振动、延长系统使用寿命、减少系统维护率和维护费用、增强系统运行的安全性和可靠性、延长设备的故障周期、高效节能等优点。

该技术的创新点包括以下五个。

（1）涡流柔性磁传动技术。在缓冲启动过程中，逐渐建立起来的磁场实现了"缓冲启动"；磁场建立的扭矩连接了电机与负载，使传动系统有很大的"连接冗余"，具有柔性传动特性，允许设备在"较大对中误差""振动"等工况下平稳运行。

（2）负载自适应能量传递技术。传动系统可根据所带负载情况，建立对应的磁场及扭矩，达到最佳的能量匹配。

（3）准线性气隙磁密合成技术。在气隙中形成接近正弦分布的磁通密度，使设备运行平稳，使得传动性能更加优良。

（4）动态涡流优化与控制技术。针对各种不同动态工况，产生对应的最佳涡流，使设备达到高效运行状态。

（5）气隙与速度的模型匹配技术。为了实现设备运行速度的平稳调节，建立与气隙对应的模型匹配关系，解决磁驱动装置的"非线性"速度调节问题。

3.4 技术先进性及指标

（1）主要技术指标。转速范围：$0 \sim 3000r/min$；适配电机功率：$4.0kW \sim 7000kW$；转矩范围：$40N \cdot m \sim 60000N \cdot m$；环境温度范围：$-45℃ \sim 65℃$；调速范围：$30\% \sim 99\%$；传递效率：$96\% \sim 99\%$；气隙调节范围：$3mm \sim 40mm$；滑差：$1\% \sim 4\%$。

（2）技术功能特性。缓冲启动方面，通过调整气隙，让电机缓冲启动，可以大大降低启动过程中的电流冲击、电机线圈发热等问题；节能、隔振方面，永磁联轴器平均综合节能率在 $3\% \sim 9\%$，永磁调速器的平均综合节能率一般可达 $15\% \sim 60\%$（具体依运行工艺条件而定），没有物理连接，降低了刚性联轴器的振动传递效应；环保安全方面，无电磁波干扰、无油污、无易损的电子器件。永磁调速技术与其他调速技术的对比如表 1 所示。

表 1 　　　　　　　　　　　永磁调速技术与其他调速技术对比

常用调速技术	永磁调速	变频调速	串级调速	液耦调速
工作原理	无机械连接，气隙传递扭矩	电子变频率	改变电机转子涡流	改变叶轮间液体压力
运　行				
流量压力调节	可以	可以	可以	可以
转速调节	可以	可以	可以	可以
自动控制	可以	可以	可以	可以
综合节能	好	好	低于永磁调速20%	低于永磁调速15%～25%
过载保护	滑差保护	过流保护	过流保护	滑差保护
输入电压敏感	否	是	否	否
气候敏感	否	是	是	否
环境适应	好	最差	差	一般
系统减振	好	差	差	较好
延长轴承油封和系统寿命	是	否	否	是
缓冲启动	空载启动	低频启动	带载启动	空载启动
频繁启停	是	否	否	是
响应速度	较慢	快	较慢	慢
调节精度	较高	高	较高	低
输入功率因数	同电机	低于电机	低于电机	同电机
电子谐波	无	高	较高	无
主机寿命	20年	10年	15年	20年
安　装				
安装难度	容易	难	难	较难
电机—负载轴对准	公差大，不需激光对准	公差小，需激光对准	公差小，需激光对准	公差大，不需激光对准
占用空间	小	最大	大	较小
专用机房	不需要	需要	需要	不需要
防护措施	不需要	防雷，空调，防尘	防雷，空调，防尘	防漏，防燃

常用调速技术	永磁调速	变频调速	串级调速	液耦调速
对电机—负载改造	安装在电机与负载之间	应更换较高绝缘等级电机	电机需要改造	安装在电机与负载之间
维 护				
故障查找难度	容易	最难	较难	难
故障点数量	最少	最多	多	多
设备维护能力要求	钳工	厂商＋电工＋电子工程师＋钳工	厂商＋电工＋钳工	钳工＋液压技师
维修零件成本	低＋可自制	最高＋难配	高	高＋难配
维护时间	短	很长	较长	较长
轴承油封更换频率	极低	高	高	较低

（3）主要应用。该技术已经成功应用于中国石油、中国石化、中国海上石油、国家电力投资集团、国家能源投资集团、华电集团、粤电集团、中船重工、鞍钢集团、首钢集团、宝武钢铁集团、中国铝业等生产单位，其典型应用如下。

2016年1月，新余钢铁集团二钢厂转炉一次除尘风机应用迈格钠永磁调速器WH4000完成技术改造，节电率达45%，年综合节能效益430余万元。

2015年，福建泉州电厂4B闭式水泵应用迈格钠永磁调速器WH1000完成技术改造，综合节能率达50%。

2014年，迁钢炼钢厂二炼钢5台环境除尘风机（二次除尘）应用迈格钠永磁调速器WH4000完成技术改造，单台节电率达48.62%，年节约电费350万元/台，降低振动40%，年节约维护费用15万元。

2015年，鞍钢能源管控中心生活供水泵应用迈格钠永磁调速器ASD29.5RPM完成技术改造，综合节电率达41%，年节约电费85.7万元。

2013年，遵义氧化铝厂二次风机应用迈格钠永磁调速器WH1000完成技术改造，节电率达49.6%，年节约电费81.05万元，降低了设备维护成本，年节约维护费用10万元。

4 典型案例

4.1 案例概况

湛江中粤能源有限公司凝结水泵应用永磁调速器节能改造技术,成为该技术应用成效突出的典型案例。

该企业采用的机组汽轮机为哈尔滨汽轮机厂有限责任公司生产的亚临界、一次中间再热、四缸四排汽、单轴、凝汽式汽轮机。机组配备两台凝结水泵,在额定负荷运行时,一台运行,一台备用。1 号机 1A 凝结水泵为上海凯士比泵有限公司制造的立式筒带型多级离心式水泵。

1A 凝结水泵在改造前采用母管节流方式运行,存在运行效率低、能耗高、管路系统振动、设备使用寿命较短等问题。为解决所存在的问题,该企业对 1A 凝结水泵调速系统进行了改造,安装了迈格钠公司生产的永磁调速器(见图 2),以永磁调速器 WV-3000 替代联轴器,除满足电机与负载连接功能外,还具有更高的工艺稳定性,实现了调速功能,使能源成本大幅降低。

图 2 改造后的现场

4.2 方案实施

技术方案实施过程为:首先,开展前期技术调研、现场考察;其次,技术方案论证、现场安装方案设计;再次,进行主机选型和生产,主机安装调试;最后,进行节能量数据采集统计分析。

该方案用立式永磁调速器替代联轴器,电机上移安装;安装永磁调速器主机；连接电机与永磁调速器主机以及负载，调整参数，直到正常运行。

4.3 实施效果

湛江中粤能源有限公司委托广州粤能电力科技开发有限公司对 1A 凝结水泵调速系统改造前和改造后进行了性能检测，出具了《湛江中粤能源有限公司 1 号机 1A 凝结水泵永磁系统改造后性能试验报告》。测试报告结果如下。

在给定凝泵设计流量 1530t/h 时，1A 凝结水泵永磁系统改造后凝结水泵单位比耗功由改造前的 1.15kW·h/t 降至 0.94kW·h/t，节电率为 18.30%。

在给定凝泵设计流量 THA 设计凝结水流量 1352.82t/h 时（数值由设计 THA 热平衡图查到），1A 凝结水泵永磁系统改造后凝结水泵单位比耗功由改造前的 1.25kW·h/t 降至 0.88kW·h/t，节电率为 29.44%。

在给定凝泵设计流量 50% THA 设计凝结水流量 708.5t/h 时，1A 凝结水泵永磁系统改造后凝结水泵单位比耗功由改造前的 1.89kW·h/t 降至 0.75kW·h/t，节电率为 60.10%。

在凝结水泵流量为 550MW 试验工况、水流量为 1441.64t/h 时，1A 凝结水泵永磁系统改造后凝结水泵单位比耗功由改造前的 1.19kW·h/t 降至 0.91kW·h/t，节电率为 24.02%。

在凝结水泵流量为本次试验 500MW 工况、凝结水流量 1260.01t/h 时，1A 凝结水泵永磁系统改造后凝结水泵单位比耗功由改造前的 1.30kW·h/t 降至 0.87kW·h/t，节电率为 33.00%。

在凝结水泵流量为本次试验 430MW 工况、凝结水流量 1115.20t/h 时，1A 凝结水泵永磁系统改造后凝结水泵单位比耗功由改造前的 1.42kW·h/t 降至 0.81kW·h/t，节电率为 42.64%。

在凝结水泵流量为本次试验 360MW 工况、凝结水流量 979.93t/h 时，1A 凝结水泵永磁系统改造后凝结水泵单位比耗功由改造前的 1.54kW·h/t 降至 0.78kW·h/t，节电率为 49.60%。

在凝结水泵流量为 300MW 试验工况、水流量为 830.96t/h 时，1A 凝结水泵永磁系统改造后凝结水泵单位比耗功由改造前的 1.70kW·h/t，降至 0.77kW·h/t，节电率为 54.78%。

该案例平均节能效率在 20% 以上（见表 2）。

表 2 改造后凝结水泵在给定流量下的节能效率

名　称	凝泵出口流量（t/h）	改造前凝泵功率（kW）	改造后凝泵功率（kW）	改造前凝泵单位比耗功（kW·h/t）	改造后凝泵单位比耗功（kW·h/t）	节电率（%）
凝泵设计流量	1530	1761.25	1437.51	1.15	0.94	18.30
THA 设计凝结水流量	1352.82	1694.9	1195.94	1.25	0.88	29.44
50% 设计凝结水流量	708.5	1339.16	534.39	1.89	0.75	60.10
改造后 550MW 试验工况凝结水流量	1441.64	1733.58	1308.12	1.19	0.91	24.02
改造后 500MW 试验工况凝结水流量	1260.01	1665.91	1094.42	1.30	0.87	33.00
改造后 430MW 试验工况凝结水流量	1115.20	1585.64	907.83	1.42	0.81	42.64
改造后 360MW 试验工况凝结水流量	979.93	1511.49	761.03	1.54	0.78	49.60
改造后 300MW 试验工况凝结水流量	830.96	1423.78	639.96	1.70	0.77	54.78

按机组年平均负荷 368.82MW 和年运行时间 5500 小时计算，1A 凝结水泵改造后年节电量为 4003476.85kW·h，年节电效益为 4003476.85 × 0.45 = 180.1565 万元，单位比耗功由改造前的 1.70kW·h/t 降至 0.77kW·h/t，节电率为 54.78%，年节能量达 492.027 吨标准煤。

4.4 案例评价

2015 年 12 月，湛江中粤能源有限公司组织专家对"1A 凝泵永磁调速改造"项目进行竣工验收评审。评审专家组一致认为，改造项目整体达到预期效果，同意通过竣工验收。

根据该使用企业反馈，系统运行至报告日（2019 年 5 月 31 日），1A 永磁凝泵作为1号机常用运行泵,安全、可靠,未出现过故障;运行调节平衡,转速控制简单,系统响应速度快,调速范围和精度满足系统所有负荷段的运行要求,节能效果明显,有效地降低了运行和维护成本。

技术企业介绍

作为稀土永磁应用技术的创新型企业,迈格钠磁动力股份有限公司成立于2012年5月,是全国文明单位、国家高新技术企业、国家知识产权优势企业、工信部首批绿色示范工厂、工信部第二批"专精特新"企业、中央军委装备发展部装备承制资格企业,入选国家发展改革委《国家重点节能技术推广目录》、工信部《国家工业节能技术装备推荐目录》,获得国家发展改革委中国"十佳"节能实践项目奖,是永磁联轴器及永磁调速器国家标准第一起草单位。

迈格钠公司紧跟国家产业发展战略,充分发挥我国稀土永磁材料的资源优势,坚持敬磁、专磁、兴磁,以"让世界减少摩擦"为使命,不断研究磁科技、发掘磁能量、专注磁应用、开拓磁市场、打造磁产业、实现磁谷梦,研发出一系列涉及国计民生的关键核心技术,如永磁悬浮轴承、永磁无源柔性制动技术等,包括可应用于重载汽车的永磁涡流缓速器、垂直电梯的永磁无源安全保护系统、轨道交通的永磁制动技术等。

图3 永磁传动装置展示

迈格钠公司设有我国首个磁动力创新中心院士专家委员会，拥有以干勇院士等为首的专家顾问团队；先后与中科院电工所、宁波所、清华大学、大连理工大学、东北大学、辽宁科技大学等建立了技术合作；在北京成立了国磁动力技术研究院，在辽宁成立了辽宁省产业技术研究院磁动力技术研究所、辽宁省磁动力创新中心，建立了省级企业技术中心、省级企业工程技术研究中心、省级工业设计中心等；先后取得三体系认证、国军标质量管理体系认证、知识产权管理体系认证等，拥有自主知识产权专利 130 余项，始终保持技术领先和主导优势。

迈格钠公司自建了全核心工艺的技术与生产、检测平台：供应链采购中心，对核心标准件实行全球采购；大功率永磁传动产品检测中心，配备动平衡检测仪、三坐标测量仪、磁力检测仪、温度检测仪、转速检测仪、振动检测仪等检测设备；机器加工中心，拥有美国、日本、中国台湾等地的智能化精密加工设备约 30 台，具有自己加工关键零部件的能力；拥有全产品使用周期质量控制系统，实行采购、加工、装配、包装、运输、安装、维护的全过程控制。

图 4　迈格钠公司生产车间

迈格钠公司创始人马忠威，1966 年生，辽宁鞍山人，高级工程师，享受国务院政府特殊津贴，入选中组部发布的"万人计划"领军人才、国家科技部创新创业人才、国家科技部专家库成员，中国工业十大创业人物，辽宁省"五一"劳动奖章获得者、辽宁省"兴辽人才计划"创业领军人才、辽宁省优秀企业家。

法律专业出身的马忠威，对机械具有极大的兴趣与热情，在一次出国考察参加德国汉诺威展会时，他从展台上的柔性传动产品中突发灵感：为什么传动一定要用有形介质连接？就不能有一种技术可以只用空气传递能量吗？回国后，他查阅资料，实施调研，又专程拜访了众多科研机构、知名院校的院士专家，验证自己想法的可实现性。凭借对国家科技战略、稀土永磁材料和科技创新的热爱，他用不到十年的时间，从一个与磁无关的"门外汉"，成为永磁应用理论创新的专家。他带领的团队破解了磁的有序基因并建立了有序矩阵磁场，发现了新算法、曲线图谱，为我国稀土永磁材料高端应用提供了关键技术支撑。

企业的快速发展离不开高效协作的管理团队。在马忠威的感召下，迈格钠公司陆续吸引了众多与磁有缘的志同道合之士，他们从五湖四海汇聚鞍山，用自己的经验与汗水为迈格钠公司添砖加瓦。

2020 年 7 月 21 日在北京召开的企业家座谈会上，马忠威作为稀土行业唯一的代表参加了会议，并接受了中央电视台、新华社的采访。2021 年 5 月 28 ~ 30 日，中国科学技术协会第十次全国代表大会在人民大会堂隆重召开，马忠威作为中国科学技术协会代表参会。

目前，迈格钠公司正在构建全球首个稀土永磁应用产业综合体——中国磁谷，将在鞍山打造以一院（永磁应用技术研究院）、三中心（永磁科技体验中心、永磁应用产品检测中心、永磁应用技术转化中心）、六大产业基地（永磁悬浮轴承产业化基地、永磁传动技术产业化基地、汽车永磁缓速器产业化基地、电梯永磁安全保护技术产业化基地、轨道交通永磁制动技术产业化基地、精密制造加工基地）为核心的永磁应用科技产业集聚区，全力打通永磁材料——永磁技术——永磁应用的全产业链生态圈，打造国际领先的稀土永磁高端应用科技品牌。

2014 年，正值国家大力倡导绿色低碳、节能减排之际，湛江中粤能源有限公司（又称"调顺电厂"）紧锣密鼓地计划对汽轮机组立式凝泵进行调速节能改造。自 2008 年起，为实现工业领域节能减排，国内大多数用能企业陆续对重点耗能设备进行了调速改造。较常用的调速技术为变频调速，但经过多年的实践应用，终端客户逐渐意识到自己在享受"满足工艺需求、节能效果明显"的成果的同时，也频频受其"娇气易损、谐波污染、维护量大"等问题困扰。调顺电厂囿于当时选择范围有限，在组织改造方案讨论时，只能聚焦在变频调速上。在改造方案所需的技术规范已定稿、准备挂网招标的关键时刻，一场技术推介为调顺电厂提供了全新的选择，即同时实现"节能降耗"与"绿色环保"双重指标。这也为 1 号机 1A 凝结水泵与国家节能中心的"结缘"埋下了一粒种子。

当时，迈格钠公司的永磁调速技术因"稀土""无接触"两个关键词，可谓调速领域的"新贵"，虽来头不小，但知名度尚待提高。调顺电厂则是迈格钠公司在广东湛江地区技术推广规划里非常重要的一站。新技术推广，往往会历经波折与困难。而出乎意料的是，调顺电厂对于新技术的渴求与重视，各级领导、专家对选择新技术厂家的严谨与高效，使得这一场相遇变得异常顺利，更显珍贵。

调顺电厂认真观看迈格钠永磁调速器样机无级调速演示，查看产品样册，查找国内应用案例，了解应用成果与对比数据，经过数轮细致高效的技术交流，和对 1 号机 1A 凝结水泵工况进行严谨的数据记录与对比分析后，决定将永磁调速技术列入可选方案，并组织开展对同类型企业同工况应用案例现场调研，以及对迈格钠生产基地实地考察，并对永磁调速设备实地运行状况与数据进行真实详细记录。

当技术改造调研报告摆在调顺电厂面前时，电厂面临一个慎重的抉择——选择"老将"变频调速，还是选择"新贵"永磁调速？这就像企业发展中一个永恒不变的命题：是保守还是突破？为此，电厂组织相关人士展开了全方位的讨论。最终，时任调顺电厂副总经理的陈装给出了最坚定的答案："1号机1A凝结水泵采用永磁调速技术进行节能改造，以最快速度执行，出问题我承担！"

迈格钠公司的生产基地位于辽宁，设备生产完成后需要经过物流车辆长途运输至调顺电厂。时值隆冬，道路积冰积雪，当设备抵达该电厂后，开箱检查时发现配套冷却循环系统部分管路在运输途中被磕碰损坏，需要紧急修复。当时该电厂正处于一年一度的大规模设备检修中，迈格钠公司刚向电厂方面反映情况，电厂的项目负责人迅速调派了经验丰富的检修人员赶赴现场，对损坏的管路就地焊接与修复，为整个项目按时完成抢得了宝贵时间。

在调顺电厂与迈格钠公司的共同努力下，2015年1月，1号机1A凝结水泵应用永磁调速器节能改造项目正式运行。

2019年，国家节能中心在全国范围内组织评选"重点节能技术应用典型案例（2019）"，"湛江中粤能源有限公司凝结水泵永磁调速器应用"项目凭借节电率54.78%、年节能量达492吨标准煤的应用效果，最终获得现场专家投票第五的成绩，入选目录。

2016年7月11日，在中国石油和化学工业联合会组织的迈格钠磁动力股份有限公司"永磁涡流柔性传动节能装置"科技成果鉴定会上，由清华大学金涌院士、中国科学院兰州化学物理研究所薛群基院士、中国科学院电工所顾国彪院士、中海油研究总院邓运华院士等13位专家组成的鉴定委员会一致认为，迈格钠永磁涡流柔性传动节能装置有良好的技术基础，科技含量高、实用性强、创新点突出，填补了国内空白，达到国际领先水平，具有很高的推广和应用价值，其对提高电机系统的整体能效将起到巨大的推动作用。目前该技术已入选国家工信部、发展改革委节能先进技术目录，并在电力、石油、化工、矿山、冶金、市政、水泥等行业得到广泛应用，取得了良好的效果。

2019 年 7 月 31 日，在辽宁省政协召开的"磁动力产业院士专家座谈会"上，中国工程院原副院长、国家新材料产业发展专家咨询委员会主任、中国工程院院士干勇表示，动力是工业时代的重要基础，磁动力是未来绿色动力的主要方向。永磁传动技术、永磁制动技术、永磁悬浮轴承是磁动力技术的典型应用，未来还可广泛应用于水务、造纸、海运、新能源汽车、航空航天、轨道交通等更多领域。希望迈格钠公司保持一马当先，为我国磁动力技术在世界上争取更多的话语权，为我国稀土永磁高端应用强国建设增光添彩。

首钢迁安公司开关磁阻智能调速电机应用

1 案例名称

首钢迁安公司开关磁阻智能调速电机应用

2 技术提供单位

深圳市风发科技发展有限公司

3 技术简介

3.1 应用领域

深圳市风发科技发展有限公司（以下简称风发科技）在电动机系统节能领域取得了骄人的成绩，特别是在冶金、陶瓷、化工及工业动力领域，其产品得到了用户的广泛认可，市场遍布华中、华南、华北、西南、西北、东北各地。风发科技的电机系统性能优越，节电效果显著。根据客户现场测试统计数据显示，用于工业节能改造的开关磁阻电机系统（SRD）可实现15%以上的综合节电效果，高效节能特性得到了客户的一致好评；适用于电动汽车的开关磁阻电机系统（SRD），较同类电机可实现20%～30%的节能效果。

开关磁阻调速电机系统产品已实现低压全功率系列化（含防爆，覆盖了5.5kW～380kW功率）、高压系列研发体系化和车用系列市场化。

3.2 技术原理

开关磁阻电动机一般采用凸极定子和凸极转子，即双凸极结构，并且定子、转子齿极数（简称极数）不相等，定子装有集中绕组，直径方向相对的两个绕组串联成为"一相"；转子由叠片构成，没有绕组、换向器、集电环等。开关磁阻电动机可做成单相、两相、三相、四相和多相，相数越多，性能越好，但结构越复杂，主开关器件越多，成本越高，故相数不宜太多。最常见的组合为 6/4 极、8/6 极或 12/8 极。图 1 为一台 4 相 8/6 极开关磁阻电动机的典型结构。定子有 8 个齿，由导磁良好的硅钢片冲制；转子有 6 个齿，由导磁良好的硅钢片冲制。定子齿极上绕有线圈（定子绕组），用来向电机提供工作磁场，其中径向相对的两个极的线圈串联构成一相绕组，共有 4 组绕组；转子齿极上没有线圈，这是磁阻电机的主要特点。

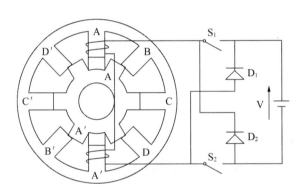

图 1　8/6 极开关磁阻电机的典型结构

磁通总要沿着磁阻最小的路径闭合，具有一定形状的铁芯（转子）在移动到最小磁阻位置时，必然使自己的主轴线与磁场的主轴线重合。

A–A′通电→1–1′与 A–A′重合；

B–B′通电→2–2′与 B–B′重合；

C–C′通电→3–3′与 C–C′重合；

D–D′通电→4–4′与 D–D′重合；

依次给 A–B–C–D 绕组通电，转子逆励磁顺序方向连续旋转。

下面通过一个开关磁阻电机模型来具体介绍其工作原理。

图 2 是 6/4 极开关磁阻电机的结构，定子铁芯有 6 个齿极，由导磁良好的硅钢片冲制；电机的转子铁芯有 4 个齿极，由导磁良好的硅钢片冲制；定子齿极上绕有线圈（定子绕组），用来向电机提供工作磁场；转子上没有线圈。

图 2　6/4 极开关磁阻电机定子、转子及绕组结构

图 3 是磁阻电动机的正面图，定子 6 个齿极上绕有线圈，径向相对的两个线圈是连接在一起的，组成一"相"，该电机有 3 相。需要注意的是，图中标注的 A、B、C 相线圈仅为磁路分析带来方便，并不是连接三相交流电。

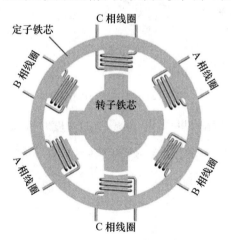

图 3　6/4 极开关磁阻电动机定子、转子及绕组线圈结构

图 4 中，深色线圈是通电线圈，浅色线圈没有电流通过；通过定子与转子的深色线是磁力线；转子启动前的转角定为 0 度。

A 相线圈接通电源产生磁力线，磁力线从最近的转子齿极通过转子铁芯，在磁力线的牵引下转子开始逆时针转动。磁力会一直牵引转子转到 30

度，到了 30 度转子不再转动，此时磁路最短。

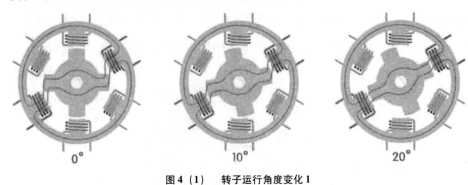

图 4（1）　转子运行角度变化 1

为了使转子继续转动，在转子转到 30 度前切断 A 相电源，在 30 度时接通 B 相电源，磁通从最近的转子齿极通过转子铁芯，转子继续转动。转子还会继续转到 40 度、50 度，直到 60 度为止。

图 4（2）　转子运行角度变化 2

在转子转到 60 度前切断 B 相电源，在 60 度时接通 C 相电源，磁通从最近的转子齿极通过转子铁芯，转子继续转动。转子继续转到 70 度、80 度，直到 90 度为止。

图 4（3）　转子运行角度变化 3

在转子转到 90 度前切断 C 相电源，转子在 90 度时的状态与 0 度开始时一样，接着重复前面的过程。这就是磁阻电动机的工作原理。

根据上述分析，依次给 A－B－C－D 绕组通电，转子逆励磁顺序连续旋转。改变绕组导通顺序，就可以改变电机的转向。由于运用了磁阻最小原理，故称为磁阻电动机；又由于线圈电流通断、磁通状态直接受开关控制，故称为开关磁阻电动机。

是否向线圈供电是用开关晶体管控制的，图 5 是三相线圈与开关晶体管的连接示意，BG1、BG2、BG3 是三个开关晶体管，分别控制三相线圈 A、B、C 的电流通断。三极管旁边并联的二极管，是用来续流的。

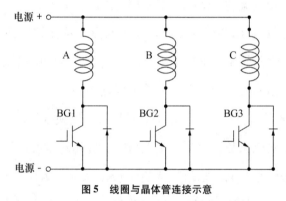

图 5　线圈与晶体管连接示意

由于电机靠磁阻工作，跟磁通方向无关，即跟电流方向无关，故在图 4 中没有标明磁力线的方向。

A、B、C 各相线圈轮流通电看似简单，实际情况要复杂些，线圈切断电源后产生的自感电流不会立即消失，要提前切断电源进行续流。为使力矩相邻相线圈在有电流的时间会有部分重合，在调节电动机的转速、转矩时也要调整开关时间。各相线圈开通和切断时间与转子、定子间的相对位置直接相关，故电机还装有转子位置检测装置，为准时开、关各相线圈电流提供依据。各相线圈何时开通与切断，必须由转子转到的位置与控制参数决定。因此，对于开关磁阻电机来说，需要根据定子、转子的相对位置，与控制器一同使用，而不能像普通异步电机那样直接投入电网运行。

3.3 关键技术

开关磁阻电机本身具有启动转矩大、启动冲击电流小、可靠性高、高效运行速度范围大等优点，但其固有的输出转矩脉动较明显，加之电动机振动、噪声较大的特点，限制了其在工业领域中的应用。

为降低开关磁阻电机输出转矩脉动，减少电机振动及噪声，驱动器的控制技术及电机本体的设计参数和结构成为关键。风发科技综合应用多种技术，获得了理想的效果。其主要有以下 5 个创新点。

（1）电机驱动换相，以检测转子位置作为换相域。当转子进入控制换相域后，结合定子相电流的下降率与下一相电流的上升率，计算每相工作的绝缘栅双极型晶体管（IGBT）的导通点和关断点，从而控制换相时电流的变化，进一步减小输出转矩脉动。根据负载的变化，调整电机相电流的开通角和关断角。开通角和关断角是在一个域内变化的。

（2）增大定子的极弧系数。定子的极弧系数反映的是定子极弧的相对宽度。合理的定子极弧系数，可使定子极与转子极相对重叠区域在电机换相时平滑过渡，减小转矩脉动。通过增大定子极弧系数，风发科技设计的 90kW 开关磁阻电机在额定转速 1500rpm 时的振动位移小于 6.5μm，振动速度小于 1.1mm/s。

（3）增大最大电感和最小电感的比值。通过电机定子外径、转子外径、气隙、铁芯长度和绕组的综合优化增大最大电感和最小电感的比值，配合控制器控制电机开通角与关断角，使电机绕组电流在导通时间内上升幅度减缓，从而增大电机的输出转矩，减小转矩脉动，提高电机的综合性能。

（4）在开关磁阻电机的转子凸极与转子轴的径向方向，设置异形齿结构。这样可以改变磁路及磁阻，减小径向磁力，避免共振，降低电机噪声。

（5）采用线性分布式多相励磁绕组设计。线性分布式多相绕组电机在换相过程中，电流变换率小，可有效减小转矩脉动和噪声。同时，电机具有更大的输出转矩，适用于启动转矩大、转速低的场合。

3.4 技术先进性及指标

开关磁阻调速电机系统是一种高效节能产品,经100多家用户实际应用测试,综合节电率达20%左右。在本案例中,电机设计突破常规电机筒式封闭式结构限制,采用了开放式定子结构。转子上无线圈,使得电机的铁损、铜损以及励磁损耗比较小,如15kW-750rpm的电机,效率在93%以上;130kW-1500rpm的电机,效率在95.3%以上。开放式的结构也使定子温升较低,散热能力极佳。电机温升稳定,具备长时间安全稳定运行特性。转子转动惯量小,采用电子无刷换向,保证了转子的稳定性、可靠性和使用寿命。

开关磁阻电机与变频调速电机的性能对比情况如表1所示。

表1 调速特性下的系统效率对比

变频调速电机实验记录							
电机型号	YE2-250M-2	环境温度		28.4℃		湿度	66%
效率 （η）	转速 （r/min）	输出功率 （kW）	扭矩 （NM）	输入总有功 （kW）	交流电压 （v）	电源频率 （Hz）	
78.20%	2500	40	154	51.15	398	42.25	
80.20%	2500	45.2	173	56.36	396	42.36	
80.10%	2500	50	192	62.42	397	42.38	
81.20%	2500	55.1	211	67.86	396	42.39	
83.10%	2600	40.1	147	48.26	398	43.42	
84.20%	2600	45.1	166	53.56	398	43.44	
84.80%	2600	50	184	58.96	398.6	43.46	
85.10%	2600	55	202	64.63	399	43.5	
85.10%	2700	40.1	142	47.12	396	45.52	
86.80%	2700	45	159	51.84	399	45.54	
87.30%	2700	50	177	57.27	398	45.58	
88.30%	2700	55.2	195	62.51	398.8	45.59	
85.40%	2800	40.1	138	46.96	398	45.89	
86.20%	2800	45.1	154	52.32	399.5	47.24	
87.00%	2800	50.1	171	57.59	399	47.35	
89.30%	2800	55	188	61.59	399	47.44	
88.90%	2900	40	133	44.99	401.3	48.84	

效率 （η）	转速 （r/min）	输出功率 （kW）	扭矩 （NM）	输入总有功 （kW）	交流电压 （v）	电源频率 （Hz）
89.60%	2900	45.2	149	50.45	401	48.91
90.80%	2900	50.1	165	55.18	400	48.99
91.20%	2900	55.2	182	60.53	400.6	49.08
89.30%	3000	40.1	129	44.9	403	50
90.40%	3000	45	145	49.78	403.4	50
91.80%	3000	50.2	161	54.68	403	50
92.50%	3000	55.1	178	59.57	402.5	50

开关磁阻调速电机实验记录						
电机型号	SFD-250-3000	环境温度		29.1℃	湿度	66%
效率 （η）	转速 （r/min）	输出功率 （kW）	扭矩 （NM）	三相总有功 （kW）	交流电压 （v）	电源频率 （Hz）
87.6%	2500	40.1	153	45.78	400	49.99
88.2%	2500	45	172	51.02	399.6	49.97
88.9%	2500	50	191	56.24	399.1	49.99
89.8%	2500	55	211	61.25	398.9	49.98
88.6%	2600	40	147	45.15	400.1	50
88.2%	2600	45.2	165	51.25	400	49.98
89.8%	2600	50.1	183	55.79	399.4	49.99
90.1%	2600	55	202	61.04	398.9	49.99
88.5%	2700	40.1	142	45.31	399.5	50
89.8%	2700	45	160	50.11	399.1	49.98
90.1%	2700	50.1	177	55.60	398	49.98
91.8%	2700	55.2	195	60.02	397	49.97
90.4%	2800	40.24	136	44.51	399.7	49.99
91.2%	2800	45.1	155	49.45	397.7	50
91.5%	2800	50.2	171	54.86	397.8	49.98
92.3%	2800	55.2	187	59.80	396	49.99
91.9%	2900	40.1	132	43.63	398.7	50
91.6%	2900	45	148	49.13	397.5	49.98
92.8%	2900	50.1	165	53.99	396.5	49.99
91.2%	2900	55	181	60.31	396	49.99

效率 （η）	转速 （r/min）	输出功率 （kW）	扭矩 （NM）	三相总有功 （kW）	交流电压 （v）	电源频率 （Hz）
90.1%	3000	40.2	128	44.62	398.3	49.98
91.4%	3000	45	143	49.23	398.2	49.99
92.8%	3000	50	160	53.88	397	49.98
93.1%	3000	55	175	59.08	396	49.99

取表 1 中两组数据进行对比，如图 6 所示。

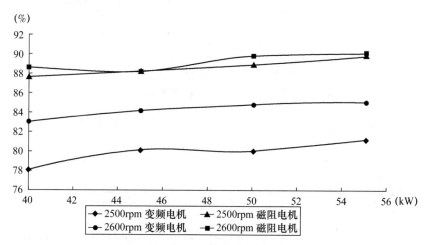

图6 变频电机与磁阻电机效率对比

在额定转速下，堵转转矩、最大扭矩的对比如表 2 所示。

表2 额定转速下堵转转矩及最大转矩对比

变频器调速系统	
额定转矩	T = 175N · m
堵转转矩	T = 350N · m
最大转矩（v = 3000rpm）	T = 403N · m
T 堵/TN = 2	TM/TN = 2.3
开关磁阻调速系统	
额度转矩	TN = 175N · m
堵转转矩	T = 1080N · m
最大转矩（v = 3000rpm）	T = 550N · m
T 堵/TN = 6.2	TM/TN = 3.1

噪声和振动的对比如表 3 所示。

表 3 噪声及振动对比

变频器调速系统					
噪声	0.75V = 2250rpm		V = 3000rpm		1.25V = 3750rpm	
	68dB		60dB		72dB	
振动 （刚性安装）	速度 A	1.6	位移 A	20	加速度 A	2.7
	速度 B	1.8	位移 B	22	加速度 B	3.2
	速度 C	2	位移 C	23	加速度 C	3.5
	速度 D	1.9	位移 D	23	加速度 D	3.3
	速度 E	1.6	位移 E	21	加速度 E	3.2
开关磁阻调速系统					
噪声	0.75V = 2250rpm		V = 3000rpm		1.35V = 3750rpm	
	52dB		60dB		66dB	
振动 （刚性安装）	速度 A	1.5	位移 A	17	加速度 A	2.1
	速度 B	1.6	位移 B	17	加速度 B	2.5
	速度 C	1.8	位移 C	19	加速度 C	2.8
	速度 D	1.6	位移 D	18	加速度 D	2.9
	速度 E	1.5	位移 E	18	加速度 E	2.7

　　根据以上数据分析，该产品具有效率更高、节能效果明显、扭矩更大、噪声和振动较小的特点。变频器调频越大，越偏离额定转速，额定功率、系统的效率相比开关磁阻电机越低。在实际应用中，开关磁阻电机比变频调速电机更节电。另外，开关磁阻电机在实际调速过程中更直观、更精确，无转差率；其堵转及低速大扭矩较变频系统更能从容地面对重载启动，例如球磨机沉浆时的启动；额定功率状态下最大堵转扭矩应用的过载能力更强，最典型的就是车用调速系统中加速超车能力比其他系统在同等功率等级下更强。

　　由于控制上的优化，将开关磁阻的转矩脉动控制到最小，甚至优于调频下的变频系统，使开关磁阻电机能以绝对的优势取代传统电机，更加突出开关磁阻电机的市场应用地位。

4 典型案例

4.1 案例概况

该项目改造选定的载体为首钢迁钢能源部二热轧水处理净环旁滤系统（2#泵），系统工艺流程如图 7 所示。

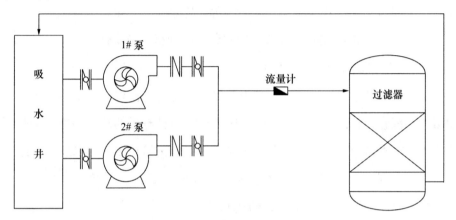

图 7 系统工艺流程图

该系统主要设备参数如下。

水泵型号：300S32A，正常运行流量控制在 390m³/h；配用电机型号：Y280S-4，额定功率 75kW，额定转速 1485r/min，额定电流 138A。

该系统载体对于本试验适用性有如下特点。

该系统只用于改善循环水系统水质，与主线生产无直接关联，在确保设备安全运行的基础上可以任意调节工况，试验全过程不会对生产造成影响。

系统运行期间，阀门开度固定后，流量、压力相对稳定，容易获取所需工况（负载）。

该系统正常为单泵运行方式，试验期间不会有其他与之并联运行的水泵对试验水泵出力和试验结果造成影响。

4.2 方案实施

1. 试验背景及准备

开关磁阻电机技术被国家发展改革委列为电机系统节能技术中的前沿技

术。为了验证该技术产品的节电性能，为企业装备升级、进一步挖掘节能空间提供技术性支持，首钢迁钢能源部联合设备部于 2017 年 10 月 15 日至 11 月 2 日，对风发科技 SFD 系列开关磁阻调速电动机在水泵系统上进行了节电性能试验。

试验目的有以下三个。

（1）试验该电机在工频运转时较原异步电动机的节电情况。

（2）试验该电机在转速调节下较原异步电动机的节电情况。

（3）测试该电机在运行时的电能质量情况。

要对比两种电机能耗情况，首先要保证对比时间段内两种电机所带负载输出的机械有功相同，然后对该时间段内输入两种电机的总有功电量进行对比分析。在本试验中，电机负载为水泵，且整个试验在同一台水泵上进行。

根据水利计算相关原理，本试验中，在同一工况（系统阻损）下，可以用某一时间段内系统流量累计值来代表该时间段内水泵做功。试验过程中，可以根据需要调整水泵出口阀门，以获得不同的工况。

该试验系统原设计中没有流量和电量计量装置，为此，首先在净环旁滤 2#泵的动力回路始端加装了临时电度表，用于电量计量；然后在净环旁滤试验系统的出口加装了超声波流量计，用于工况确定与数据分析。

为了保证试验数据的科学性与准确性，在加装临时计量装置的基础上，针对电量、流量数据设计了自动采集和上传方案。通过采集与上传方案，可将电量数据、流量数据自动上传到公司的能源二级系统，并根据试验需求设计自动采集分析界面，用于数据统计和分析。

2. 试验过程

（1）原三相异步电机能耗测量。试验准备工作完成后，开始对原三相异步电动机（工频转速 1485r/min）进行能耗测量，通过控制水泵出口阀门，选取 390m³/h（10 月 15 日 15:00 ~ 16 日 8:00），450m³/h（10 月 16 日 10:00 ~ 17 日 22:00）和 280m³/h（10 月 18 日 8:00 ~ 19 日 8:00）三种工况进行测量，数据如表 4 所示。

表4 原三相异步电机能耗测量数据

工况（m³/h）	试验时间（h）	小时平均水量（m³）	小时耗电（kW·h）	吨水耗电（kW·h）
390	17	393.6	72.75	0.1848
450	26	452.2	77.24	0.1708
280	24	279.1	62.28	0.2240

（2）开关磁阻调速电机的工频运转能耗试验。原三相异步电机能耗测量完成后，将原电机拆下，更换上开关磁阻调速电机进行试验和测量。将调速电机转速调到1485r/min并保持不变，通过控制水泵出口阀门，再次调到450m³/h（10月21日11:00～22日13:00）、390m³/h（10月23日15:00～24日14:00）和280m³/h（10月31日8:00～11月1日8:00）三种工况进行测量，试验数据如表5所示。

表5 开关磁阻调速电机工频转速能耗试验数据

工况（m³/h）	试验时间（h）	小时平均水量（m³）	小时耗电（kW·h）	吨水耗电（kW·h）
390	23	393.1	64.31	0.1636
450	26	450.5	70.83	0.1572
280	24	280.2	56.38	0.2012

（3）开关磁阻调速电机的变转速调节能耗试验。在开关磁阻电机工频运转能耗试验的基础上，将水泵出口阀门全开，通过调低电机转速的方式，重新获取上述工况：390m³/h（10月24日15:00～25日14:00，转速1295r/min）、450m³/h（10月28日11:00～29日13:00，转速1455r/min）和280m³/h（11月2日0:00～3日0:00，转速955r/min），试验数据如表6所示。

表6 开关磁阻调速电机变转速调节能耗试验数据

工况（m³/h）	试验时间（h）	小时平均水量（m³）	小时耗电（kW·h）	吨水耗电（kW·h）
450	26	450.0	64.5	0.1434
390	23	392.7	45.9	0.1169
280	24	280.3	17.56	0.0622

4.3　节电性能分析

（1）开关磁阻调速电机（型号：SFD-280S-1500，额定功率75kW，工频转速1485r/min）运转时，在本试验系统450m³/h、390m³/h和280m³/h三个工况下，较原三相异步电机（型号：Y280S-4）的节电率分别为7.96%、11.47%和10.18%，三个工况的平均节电率为9.87%。

（2）开关磁阻调速电机（型号：SFD-280S-1500；额定功率75kW）变转速运行时，在本试验系统450m³/h、390m³/h和280m³/h三个工况下，较原三相异步电机（型号：Y280S-4）的节电率分别为16.04%、36.74%和72.23%，三个工况的平均节电率为41.67%。

（3）在满足本试验系统正常运行流量（390m³/h）的工况下，开关磁阻调速电机每小时节电26.85kW·h。该系统常年运行，按年运行8000小时计算，每年可节电21.48万kW·h。

4.4　案例评价

通过对相关试验数据的分析发现，风发科技SFD系列开关磁阻调速电机运行稳定，调速性能良好，节能效果明显，达到了本项目预期试用目标。但是，电机在重载运行时电磁噪声较原三相异步电机偏大。

在相关电气性能抽检测试中，开关磁阻调速电机表现出了低启动电流、低空载损耗、高功率因数等优良特性；电机在运行过程中的谐波含量符合国家标准。关于该技术产品在寿命及长周期稳定运行等方面的指标，还需在后续运行中进一步验证。

深圳市风发科技发展有限公司成立于2007年8月，注册资金3亿元，是一家专业从事开关磁阻调速电机系统研发、产销和技术服务的国家级高新技术企业，为中国节能协会冶金工业节能专业委员会副主任委员单位、中国低碳经济发展促进会副理事长单位。风发科技总部及研发中心位于深圳，下

设山东分公司，为电机生产基地，具备完整的智能化生产线。

风发科技目前已拥有电动机、控制系统相关专业领域授权专利 68 项，含 24 项发明专利、33 项实用型专利、11 项外观设计专利，其中一项发明专利获得 2019 年国家优秀专利奖。风发科技研发技术于 2016 年通过工信部科技成果鉴定，并获得电机领域先进适用技术称号；于 2018 年通过国家节能低碳技术评价；于 2019 年被列入工信部《国家工业节能技术装备推荐目录（2019）》。

风发科技历经十余年研制出的开关磁阻调速电机系统，达到国际 IE4 能效水平，可以实现至少 15% 的综合节能效果。

首钢集团于 2018 年应用风发科技电机产品，节能效果显著，各点位节电率均在 15% 以上，最高节电率达 68%，综合节电率达 35.1%。龙蟒佰利联集团采用风发科技开关磁阻调速电机系统并对改造前后的运行情况进行了对比，综合节电率达 35.2%，其中钛二 1# 脱硫塔东泵电机节电率高达 52%。风发科技在取得国内企业批量化订单的同时，还将产品成功推向海外市场。

风发科技创业十多年来，注重技术研发投入，在产品节能降耗、减排增效上深耕。目前公司研发团队共 45 人，其中电机研发 15 人，电控研发 23 人，测试 7 人。

电动机是国民经济各个领域应用最为广泛的动力设备。提高电机及电机系统的利用效率及能效水平，是各领域实现节能降耗、减少二氧化碳排放的重要手段。开关磁阻调速电机系统作为一种新型的高效节能电动机系统，经试验验证是节能减排领域的革命性产品，可以根据不同工业场景的需求提供智能动力。

开关磁阻调速电机系统在运行中，主要有四点建议。

（1）建议在截流损失大的介质输送系统中进行应用，通过开关磁阻调速电机的调速功能，消除系统截流浪费，获取良好的节能空间。

（2）开关磁阻调速电机结构简单，调速性能良好，在低速和低载运行时较三相异步电机变频调速系统节能效果明显，建议结合变频调速系统升级改造需求逐步应用。

（3）传统冷却塔主要靠人为启停风机控制水温，启停不及时会造成能源浪费，频繁启停又会对电气及机械设备造成冲击，影响设备寿命。建议在冷却塔风机驱动系统上进行推广和应用，在实现风机无级调速和水温自动控制的同时获取良好的节能效果，减少能源浪费。

（4）建议在运行方式与工艺需求匹配困难的介质输送系统中应用，通过开关磁阻调速电机调速功能匹配用户需求，减少增开设备的情况。

池州学院配电系统电压质量提升工程

1 案例名称

池州学院配电系统电压质量提升工程

2 技术提供单位

安徽集黎电气技术有限公司

3 技术简介

3.1 应用领域

校园的用电情况比较复杂，主要用电设备包括灯具、空调、风扇、加热设备、冷冻冷藏设备、电脑、实验设备、插座的离散用电设备等，其使用特点和使用时间各不相同。同时，由于学校校舍不断增加，配电网和当初设计时的指标要求已大相径庭，容易出现配电系统老化、单相负荷多、电网不平衡度比较高等情况。具体问题如下。

一是系统中单相负荷较多，整体负荷较重，单相电流很不平衡，存在严重的三相不平衡问题，一些用电场合甚至出现了缺相的情况。由于学校用电的计费方式为"高压侧计费"，要承担因三相不平衡而导致的线路损耗，无形中增大了学校的用电成本。

二是空调设备等用电设备的启停对电网的冲击很大，会引起强烈的电网

85

波动，对安全用电和相邻设备造成不利影响。

三是现场供电电压基本都出现正偏差，偏差幅度达到＋10％，同时大量的非线性负载也会产生大量的高次谐波，对用电设备的正常使用和寿命会产生很不利的影响。

针对以上问题，安徽集黎电气技术有限公司提供了电能质量单项指标优化的技术方案。其适用范围广，安装简捷方便，实用性强，可有效解决用户普遍存在的电压偏差、电压波动和三相不平衡等问题，缓解因电压质量问题导致的用户用电效率低下、无效电费增多、产品质量不稳定、设备使用寿命缩短及维护量增加等问题，能够显著提升用电效率。

该技术可广泛应用于各工业企业、商业用户、民用及市政等场所，综合节电效果达到8％～20％。主要应用场合包括：民用场合——科教文卫体等公共机构的微电网配电端、供电用户侧；工业场合——石油、机械、冶金、化工、煤炭等行业中典型的三相异步电机负载；其他场合——以用电为主的大型经济实体。

3.2　技术原理

该技术首先对用户侧的用电设备进行参数采样、参数计算和比较，再采用自耦励磁调压技术进行电压参数的纠偏和整定，从而提升用户侧用电质量，最终达到改善用户侧用电质量和节电的效果。

基于电磁平衡调节的用户侧电压优化技术集成了多组智能化模块，其中数据采集模块（Data Collection Module）对设备的输入、输出电参数进行采样，中央计算模块（Central Process Module）根据采集的电参数进行最优化程序计算，得出该状态下设备的最佳工作点，继而通过无扰动切换模块（Non-Turbulence Change Module）使用电设备保持在最佳工作点附近。

3.3　关键技术

1. 最佳工作点追踪技术

最佳工作点追踪技术主要是根据负载的输出情况，并结合负载自身阻抗特性、供电情况对设备的最佳工作状态进行追踪，使设备处于能效转化最高、自身损耗最低的工作状态。这主要通过对供电情况和输出进行采样、计算来实现。本技术中所涉内容主要为不同负载情况下算法模型的建立，最佳工作点不是一个确定值，该值与供电情况、负载工况、负载属性三者相关。当负载属性确定时，该值与供电情况、负载工况相关。该值可使设备处于使用效率最高、自身损耗最低的工作状态，可通过算法模型确定，并通过计算的输出结果调整控制信号，从而实现最佳工作点的追踪。以下以电机为例说明。

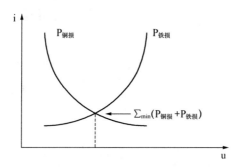

图1　电机铜损、铁损与电流、电压关系示意

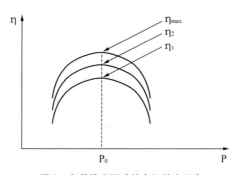

图2　负载输出驱动的电机效率示意

　　如图1、图2所示，以负载输出驱动的电机工作效率和其工作时的电流电压关系密切，在不同的电流电压工况下，其输出效率均不同，当铜损、铁损的综合损耗最低时，其工作效率 η_{max} 最大，而此时的电流、电压即为最佳工作点。

2. 无扰动切换技术

无扰动切换技术由一次电路和控制电路两部分组成。一次电路主要连接电磁式自耦调压谐波抑制单元的调节挡位。控制电路主要由可控硅组、触发回路及过渡阻抗构成。一次电路接线端子与电磁式自耦调压谐波抑制单元的调节挡位——对应。正常情况下，该装置工作时只有一个一次电路端子与电磁式自耦调压谐波抑制单元某一挡位实连接，其他端子与挡位虚连接。无扰动切换技术应用时，控制电路接收到来自负载柔性适配单元的控制信号后，触发回路启动协调可控硅组与过渡阻抗工作。其工作过程为：过渡阻抗投入→原挡位退出→可控硅组快速导通要调节的挡位——过渡阻抗退出（见图3）。

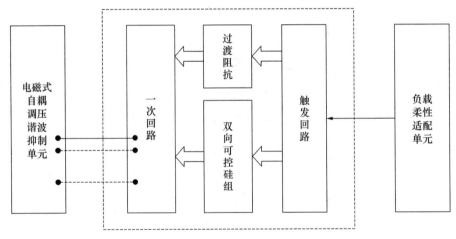

图3 无扰动切换模块工作示意

该项技术可解决电压参数调整过程中电压保持的连续性问题，在切换过程中不产生谐波和尖峰，并可快速换挡，不会产生断电和失压情况。

3.4 技术先进性及指标

该技术可靠性高，能够有效解决电压偏差、波动和三相不平衡问题；节电效果明显，不产生谐波，对电网及设备无危害，有清洁电网的作用；响应速度快，自身损耗极低，特别适用于环境恶劣的工作场所。其技术先进性体现在如下三个方面。

对无扰动切换技术而言，可比技术主要为无触点切换技术。无触点切换技术可实现电压的不间断调整，但在切换过程中采用的双向可控硅为调压器件，会使切换过程延长并产生大量谐波。

对最佳工作点追踪技术而言，可比技术主要为变频器的状态调整技术。变频器的状态调整技术能实现电机转速等的调整，但其调整是预先设定的，不能实时根据电机、实际输出需要和供电等情况的变化而变化。

对电磁平衡主机的自身损耗控制而言，一般结构的主机损耗在 3% ~ 11%，而该技术的电磁平衡主机的空载损耗≤0.08%。

具体技术指标如下。

（1）对于 0.4kV 三相异步电机，综合节电率为 8% ~ 15%。

（2）照明负载场合，综合节电率为 10% ~ 25%。

（3）空载电流≤0.3%，空载损耗≤0.08%，负载损耗≤0.5%。

（4）切换时间为 10ms ~ 20ms。

（5）切换过程中无扰动、不失压。

4 典型案例

4.1 案例概况

池州学院是安徽省属全日制普通本科院校，是中国唯一一所全徽派建筑风格的高校，建有安徽省高校唯一的开路电视台，入选数据中国"百校工程"项目院校。

学校始建于 1977 年，起初为安徽劳动大学池州地区专科班。1980 年，更名为池州师范专科学校。1999 年，原池州工业学校并入。2002 年，原安徽省经贸学校并入。2007 年，升级为省属全日制普通本科院校，定名为池州学院。学校占地 1959 亩，校舍面积 36.77 万平方米。

目前校园内有户外变电所和 1#、2#开闭所等供电区域变电所，供电规模见表 1。

表 1   池州学院供电区域的供电情况

序号	项 目	供电规模
1	图书馆低压配电室	2×500KVA
2	博彩楼户外变电所	2×800KVA
3	博爱楼户外变电所	2×630KVA
4	博爱楼新增户外变电所	1×630KVA
5	学生公寓增容户外变电所	4×500KVA
6	第一食堂户外变电所	2×630KVA
7	第三食堂户外变电所	2×630KVA
8	篮球场户外变电所	1×800KVA+1×630KVA
9	逸夫楼低压配电房	2×1250KVA

根据以上统计可知，供电负荷在 12940KVA 左右。后期会增加更多用电设备，但暂不考虑后期负荷。

校内用电设备的使用特点和使用时间各不相同，具体如下。

（1）校内照明主要的灯具类型为荧光灯、节能灯和金卤照明路灯等，不同场所的平均照明时间各有差别。

（2）校内空调和风扇每年使用 4 个月左右，各个班级和宿舍每天的使用时间各不相同。

（3）加热设备主要是热水器，每年使用 9 个月左右，每天基本 24 小时使用。

（4）办公场所使用的电脑、空调等设备，每天使用 10 个小时左右，实验室、教研室等超过 12 个小时。每年使用 9 个月以上。

（5）冷冻冷藏设备主要在食堂使用，每天基本 24 小时使用，每年使用时间超过 9 个月。

（6）实验室的实验设备功率大小不一，分散在校内各个角落的插座也是离散用电，用电时间各不相同。

4.2　方案实施

池州学院经过慎重考量后确定了"总体规划，分步实施"的改造计划，整个工程项目总体规划520万元，计划两期完成，一期改造校园65%的用电场所，包括办公楼、图书馆、教室、学生宿舍楼、食堂等用电时间较长的场所；二期改造剩余的用电时间较短的场所，包括实验楼、实习车间等。

2018年7月，一期改造工程在安徽省政府平台上公开招标后付诸实施，投入320多万元。2018年8月中旬开始施工，在学校暑假结束前（8月底）完成施工调试并投入使用。同年9月20日，完成专家组项目验收。2020年初，在设备成功投入运行一年半后，校方委托安徽省计量科学研究院做了能效检测，结果显示综合节电效果达到15%，给学校节约了用电成本。

4.3 实施效果

项目的实施给池州学院带来了良好的经济效益：一是节约用电量或用电费用14%～16%；二是节约标准煤或减少二氧化碳排放14%～16%。

根据使用的情况来看，年节省用电量130万千瓦时，节约费用约73万元。当然，这只是静态数字，随着学校用电负荷的增加，节省的用电量将超过130万千瓦时，节约的费用也将超过73万元。

节电项目改造后，还带来了间接的效益，主要有四点：一是改善了电压偏差、抑制了电压波动，平衡了系统的三相不平衡，提升配电电网的用电效率10%以上；二是减少了大约20%的用电设备维护量；三是减少了大约15%的用电设备维护资金；四是延长了大约30%的用电设备的使用寿命。

4.4 案例评价

本案例以提升校园配电微电网能效为目标，在不改变原有供配电回路的基础上，凭借独特快捷的植入模式、显著的节电效果和高效的电能优化等优势，从系统全局考虑节电问题，不但给用户节约了约15%的用电成本，还给用户带来了节能减排示范领跑者的社会效益，同时也增强了用户的用电安全和用电可靠性。它改变了以前节电项目"头疼医头、脚疼医脚"的局面，为高校等公共机构配电微电网节电探索出了一条新途径。

安徽集黎电气技术有限公司是一家集研发、制造、销售于一体的专业电能质量治理及智能化系统集成的国家高新技术企业和"双软"企业，为用户量身定制节电技术方案、产品和服务。公司的主导产品是 GESPU 系列电磁式节电器，可广泛应用于政府机关、事业单位等公共机构，也可用于石油、机械、冶金、化工、煤炭等工业企业及以用电为主的能源消耗型大型经济实体。该系列产品可有效解决供电现场电压偏差、波动和三相不平衡问题，给用户带来8% ~ 20%的直接综合节电效果，降低用户用电成本；也可为用户提升用电安全性、优化用电质量、延长设备使用寿命，减少维护量；同时，助力用户单位完成国家节能指标。

集黎人秉承"为子孙留下一片碧水蓝天"的梦想，持续为实现"为客户提供精准节电服务，让客户更有竞争力"的使命而拼搏进取！未来，公司将持续深入研究微电网电能质量问题，建立并依托"一云三中心"（电能质量云平台、全负荷试验中心、电能质量分析中心和电能质量控制中心），结合智慧分析，建立电能质量核心技术体系，形成一系列自主知识产权的技术和产品，实现微电网的精准测量和智能调度，贡献于智慧电网建设。

安徽集黎电气技术有限公司实施的"池州学院配电系统电压质量提升工程"，技术成熟，方案可靠，有效解决了配电系统的电压偏差、波动和三相不平衡问题，提升了用户侧的电压质量，得到了用户的赞许；为公共机构的电力节能提供了切实可行的配电系统解决方案，具有较好的示范意义和推广价值。

泰达新水源西区污水处理厂高速离心鼓风机应用

1 案例名称

泰达新水源西区污水处理厂高速离心鼓风机应用

2 技术提供单位

亿昇（天津）科技有限公司

3 技术简介

3.1 应用领域

亿昇（天津）科技有限公司（以下简称亿昇科技）自主研发的高效节能磁悬浮鼓风机产品高于国家标准一级能效，能效水平国际领先。该产品广泛应用于市政污水、食品发酵、皮革化工、造纸印染、生物医药、垃圾处理等多个行业。

相比传统风机系统，本项技术平均节能 26% 以上，并形成了 50kW ～ 1000kW 大功率多系列型号产品。

3.2 技术原理及研发流程

磁悬浮鼓风机采用磁悬浮高速永磁电机与风机叶轮直连，省却机械传动损失；具有多机联动功能，可以精确匹配现场工况，多机联动控制，节省能源消耗；具有精确曝气功能，依据现场水质，精确控制曝气量，从而节能。

1. 技术原理

（1）磁悬浮轴承原理。磁悬浮轴承又称电磁轴承，在垂直方向上受力的作用，铁磁性转子在上下电磁铁吸引力的联合作用下，其合力恰好和重力相互平衡，处于悬浮状态。当有一个干扰力使转子偏离悬浮的中心位置时，通过非接触式的高灵敏度传感器检测出转子相对于平衡点的位移，产生的电状态信号经信号调理和 A/D 采样转换之后作为系统的输入量送到控制器中；控制器中的高速运算单元根据预先设计的控制逻辑算法，经过运算产生实时控制信号；控制信号通过 D/A 输出并经过功率放大器实时调整在电磁线圈中产生的相应控制电流，从而在电磁铁上产生能够抵消干扰、保持转子稳定的不接触电磁力，将转子从偏离位置拉回中心平衡位置，达到稳定控制转子悬浮运转的目的。结构如图 1 所示。

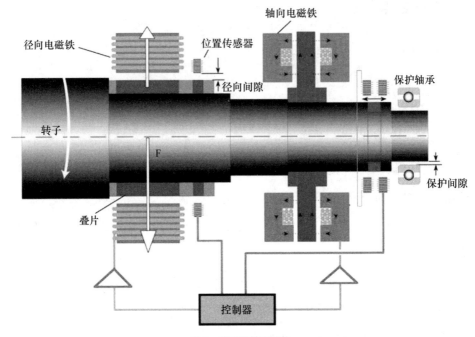

图1 磁悬浮轴承结构

（2）磁悬浮鼓风机原理。磁悬浮鼓风机是采用磁悬浮轴承的透平设备的一种。其主要结构是鼓风机叶轮直接安装在电机轴延伸端上，而转子被垂直悬浮于主动式磁性轴承控制器上，不需要增速器及联轴器，由高速电机直接驱动，由变频器来调速。该类风机采用一体化设计，其高速电机、变频器、磁性轴承控制系统和微处理器控制盘等均采用一体化设计和集成，核心是磁悬浮轴承和永磁电机技术。

基于磁悬浮高速永磁电机的离心风机综合节能技术主要采用磁悬浮轴承技术、高速永磁电机技术、高频矢量变频技术、高效流体机械技术等。通过在电机主轴两端施加磁场使其悬浮，从而实现无摩擦、无润滑、高转速，在大幅度提升转速的同时，省去传统的齿轮箱及传动机制，叶轮与电机直连，具有效率高、精度高、全程可控等优点。

2. 研发流程

（1）磁悬浮轴承研发。磁悬浮轴承组件包括定子组件和转子组件。磁悬浮轴承定子组件由磁悬浮轴承定子铁芯线圈、传感器、辅助轴承及连接和固定它们的外壳等组成；磁悬浮轴承转子组件由磁悬浮轴承转子铁芯、传感器检测环、辅助轴承轴套及它们之间的连接固定环或套等组成。

每一套磁悬浮轴承系统都需要有一套与之匹配的电气控制系统。磁悬浮轴承电气控制系统采用目前先进的数字控制系统，充分考虑电磁兼容性，集成安装在控制柜内。连接磁悬浮轴承绕组与控制柜之间的信号和动力电缆，通过贯穿件（必要时选用）引出至控制柜。

磁悬浮轴承工作原理的特殊性使得对轴承及转子的运行状态实时监控变得容易。磁悬浮轴承系统配备了监测系统，具有的监测功能如下：①在控制柜前面板需要配有本地操作及报警按键；②来自磁悬浮轴承控制系统的转子运行信息主要有：转子振动位移（或者转子在径向、轴向位置）、功率放大器电流、转子转速等；③轴承绕组温度监测与报警。

（2）磁悬浮高速永磁电机设计。电机采用永磁同步电机，转子采用磁悬浮轴承支撑，总体布置方案如图2所示。转子由永磁同步电机驱动，采用两组径向磁轴承和一组轴向磁轴承支撑，实现转子的无机械接触支撑，并采用两组与转子大间隙配合的机械轴承作为保护轴承。

高速永磁电机采用目前世界上最为主流的结构：实心转子表面贴永磁

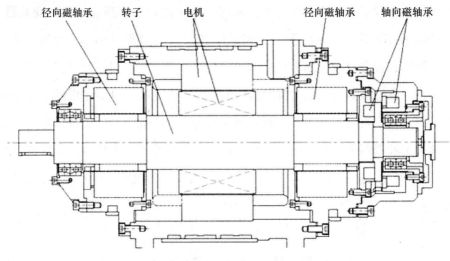

图2 高速大功率磁悬浮永磁电机结构

体，永磁体通过分块可以有效降低转子涡流损耗，其外表面通过碳纤维绑扎，保证永磁体在高离心力下安全可靠运行。

高速永磁电机按照"电磁设计—转子强度分析—转子动力学校核—冷却方案选择—流场和温度场计算—整机模态分析"的技术路线设计。需要说明的是，其流程不是流水线的，而是需要反复调整修改才能得到合适的设计方案。

第一步，将样机的性能指标作为设计输入信息，进行电机的电磁设计，得出永磁电机的基本尺寸数据以及主要的损耗，以该损耗作为温度场计算的输入信息。本部分重点研究如何抑制电机内部损耗，比如采用低损耗的硅钢片，导线采用litz线以降低绕组的高频损耗，转子采用屏蔽措施，转子磁钢分块、正弦充磁等，由于电机的电磁分析精确度很高，在以往的永磁电机设计中，误差均在5%以内。本过程不需要部套件级别的验证。

第二步，根据电磁设计得出的电机基本尺寸数据和转速，对碳纤维绑扎方案进行分析，得出护套的厚度和碳纤维绑扎的预紧力，同时需要考虑温度导致的热应力。该部分不但需要准确的理论计算，而且需要可行和稳定的工艺方案；转子绑扎强度需要进行部套件级别的验证，验证强度计算模型的准确性以及工艺的有效性。

第三步，需要进行高速电机和磁轴承的匹配设计，包括磁轴承承载力与转子重量匹配，轴系的转子动力学核算，磁轴承和电机的电磁兼容。这部分将在高速电机和磁轴承的匹配设计内容中详细介绍。

第四步，根据损耗的计算结果，确定初步的冷却方案；再对电机内部的流场和温度场进行仿真分析，然后根据缩比模型的试验结果，修改冷却方案和电机模型。

第五步，对整机进行模态分析，避开主要的激振频率，完成永磁电机设计方案。

（3）高效节能磁悬浮鼓风机研发。这需要先对项目的总体结构和布局进行设计，确定启动部分叶轮、蜗壳、扩压器的设计参数，预测性能曲线。

①叶轮强度设计。叶轮是鼓风机运行唯一元件，其旋转速度快，受力情况复杂。为保证鼓风机长期稳定运行，要对其进行仿真分析，为可靠性评价提供理论依据。

②启动计算设计。根据已确定的叶轮、蜗壳、扩压器设计参数，预测性能曲线，判断是否满足设计点下的工况要求。

③性能计算报告。对鼓风机进行设计转速下不同叶顶间隙下的流体仿真计算。通过对比计算结果与试验结果，进一步改进设计，缩短开发周期，同时根据不同叶顶间隙下的计算结果为装配间隙提供参考依据。

④样机试制及测试。根据产品物料清单（BOM）及零件工程图，提交采购申请和生产试制计划，完成自制件制造和外购件采购，物料齐全后根据装配工艺完成整机装配，并检验下线。

完成以上步骤后，分别进行空载和带载测试，测试电机运转的轴心轨迹是否在设计范围内，记录主机运转的电机频率、转速、电压、电流、电机定子温度值。

3.3 关键技术及创新点

该案例的关键技术包括六个方面：磁悬浮轴承技术、高速永磁电机技术、高效流体机械技术、高频矢量变频及远程监控技术、蜗壳及流道设计技术、防喘振控制技术。

该案例的创新点体现在以下五个方面。

（1）通过对磁悬浮轴承技术、高速永磁电机技术、高效流体机械技术、鼓风机综合控制技术等的组合创新，完成了系列化的高效节能磁悬浮鼓风机产品，具有效率高、噪声低、维护简单等优点。

（2）基于模块化设计的主动磁悬浮轴承技术，灵活运用电感式传感器及电涡流式传感器，综合运用有推力盘及无推力盘的轴承设计技术，适应宽功率范围的高速转子悬浮需求，实现了系列磁悬浮鼓风机的无接触可靠支撑。

（3）基于低损耗高效率的高速永磁综合电机设计、制造及综合散热技术，采用高速直驱技术驱动叶轮旋转，取消变速箱和油润滑系统，降低损耗，减少维护；电机冷却系统采用防锈、防冻、放结垢的冷却介质，采用专门配制的有机液态冷却介质，能够有效防止锈蚀、结垢、结冰，保证鼓风机在恶劣环境条件下正常稳定运行。

（4）基于三元流的弯掠式离心叶轮设计技术，通过对叶轮型线的优化设计增加工况范围，提高非设计工况点气动效率，降低气动噪声。

（5）采用智能调节、远程监控、多机联动等鼓风机智能控制技术，通过检测鼓风机的实时运行参数，根据外界条件变化自动调整鼓风机的运行频率，在满足用户曝气需求的同时降低能耗，做到效率最大化，并通过内置的防喘振专家系统保障安全运行；通过移动网络实时远程采集鼓风机的所有运行数据，为用户提供远程运行指导；通过多级联动控制，获得多台鼓风机最佳组合运行策略，进一步降低总能耗。

3.4　技术先进性及指标

亿昇科技研制的磁悬浮鼓风机在部分指标上优于国外产品，同时具有以下优势。

（1）具有磁悬浮轴承、高速永磁电机、高效流体机械等技术的自主设计配套能力，可根据客户实际工况需求进行三元流计算设计合理的电机转速、功率需求，以此为依据进行电机的匹配设计，使整机效率达到最高。

（2）拥有 50kW、75kW、100kW、150kW、200kW、250kW、300kW、350kW、400kW、700kW、1000kW 等完善的产品系列量产及定制化开发能力，满足各类污水处理及脱硫氧化等高耗能领域风机使用用户的需求。其中，50kW ~ 400kW 磁悬浮鼓风机已有应用案例，YG400 为国内单机运行功率最高的磁悬浮鼓风机。该项目的成功运行标志着中国磁悬浮大功率高速永磁同步电机技术的成熟和向更高功率扩展研发的技术储备完成。而国际一线品牌芬兰 ABS 只有 200kW、400kW 两个型号，其 400kW 与亿昇科技 YG350 为同一规格产品；德国 Piller 只有 150kW、300kW 两个型号。

（3）自主研发的高速永磁电机技术解决了电机发热、转子强度等难题，尤其是自主研发掌握的碳纤维护套工艺技术，目前只有美国、德国实现了应用。电机效率优于日本、韩国等同类产品，与欧美同类产品性能持平。

（4）鼓风机气动效率在 85% 左右，与 ABS、Piller 等国际一线品牌的效率相当，部分指标高于进口同类品牌，整机效率达到 75%。

产品的主要技术指标如下。

容积流量（20℃、101.3kPa、RH < 50%）：40 ~ 450m^3/min

鼓风机升压：60kPa ~ 150kPa

电机转速：15800 ~ 25000r/min

噪声：85dB 以下

4　典型案例

4.1　案例概况

天津泰达西区污水处理厂建于 2006 年，2007 年 1 月投入运营。2010 年扩建，总规模达到 5 万吨，实际处理量 3 万吨。采用 A2O 工艺，原采用罗茨鼓风机，单机风量 58.6m^3/min，升压 68.6kPa，功率 132kW，两台运行、两台备用，电耗高、噪声大、故障率高。

亿昇天津科技有限公司于 2016 年 4 月对该厂风机系统进行节能改造，用一台 YG100 亿昇磁悬浮鼓风机替代原罗茨风机，风量 75m³/min，压力 70kPa。

4.2 方案实施

项目实施方案如下。

（1）型号匹配：根据现场的需求，用一台 YG100 亿昇磁悬浮鼓风机替代原罗茨风机，风量 75m³/min，压力 70kPa，完全可以满足现场的需求。亿昇磁悬浮鼓风机自带变频控制，可以根据现场需求进行就地或远程控制。

（2）安装位置：西区污水处理厂风机房进门口处安装两台亿昇科技磁悬浮鼓风机，场地空间满足要求。

（3）智能控制：亿昇磁悬浮鼓风机自带智能变频控制器，可以通过设备自带触摸屏，进行就地控制，也可以实行 DO 连锁跟踪控制。

项目特点表现在以下三个方面。

（1）安装方便：整机采用撬装结构，布置紧凑，结构规则，现场无须做特殊基础，安装方便快捷。

（2）降低噪声：由于磁悬浮鼓风机没有任何机械摩擦，运行噪声控制在 85 分贝以内，原罗茨鼓风机的噪声超过 120 分贝。应用亿昇磁悬浮鼓风机可大大降低噪声污染，改善现场环境。

（3）维护简单：亿昇磁悬浮高速鼓风机采用自主研发的磁悬浮轴承，风机运转无接触、无摩擦，不需要润滑系统，节省润滑油，风机本身免维护。

4.3 实施效果

1. 节能减排效益

天津泰达西区污水处理厂项目采用磁悬浮鼓风机替代原罗茨鼓风机，满足现场应用需求。

原罗茨鼓风机耗电量为 0.0415kW·h/m³，磁悬浮鼓风机耗电量为

$0.0305\mathrm{kW \cdot h/m^3}$，耗电量降低 $0.011\mathrm{kW \cdot h/m^3}$。经第三方机构实测，本案例节电率为 26.5%，年可节电 32.6 万 $\mathrm{kW \cdot h}$，折合标准煤 $40.1\mathrm{tec}$，减少碳排放 $105.1\mathrm{t}$。

2. 经济效益

项目节能改造共投资 80 万元，年可节约电费 27.7 万元，3 年可回收投资。

4.4　案例评价

高效节能磁悬浮鼓风机技术实现转子无摩擦、无须润滑、高转速，并且取消了原有的传动机制，实现叶轮与电机直连，减少能量损耗，进一步提升能效，从而实现节能。

高效节能磁悬浮鼓风机在天津泰达西区污水处理厂的应用过程中，有效替代传统的罗茨鼓风机，满足了现场使用需求，节能率达到 26.5%，噪声降至 85 分贝以下。

亿昇（天津）科技有限公司是天津滨海新区引进的高端装备制造企业，专门从事磁悬浮鼓风机的研发、生产、销售及技术服务工作，曾荣获"国家高新技术企业"、工信部"绿色系统集成供应商"等荣誉称号。其研发、生产、销售的磁悬浮轴承及其相关产品拥有完全自主知识产权，居于国际同行业领先水平，填补国内技术空白。公司取得授权发明专利 5 项，授权实用新型专利 28 项，授权外观设计专利 5 项。其研制的磁悬浮鼓风机产品，经工信部科技成果鉴定，结果为"该成果的产品已得到批量应用，运行可靠，节能效果明显，满足环保、能源等行业节能减排的需求，相关产品及技术达到国际先进水平，其中磁悬浮鼓风机单机功率及系统效率国际领先"。

公司基于磁悬浮高速电机的离心风机综合节能技术已经在国内各行业广泛应用，落地项目近百个，涉及市政污水、食品发酵、皮革化工、造纸印染、生物医药、垃圾处理等多个行业。通过单机节能、多机联动节能、精确曝气节能，相比传统风机系统，平均节能 26% 以上，并形成了 50kW～1000kW 大功率多系列型号产品，单机功率及系统效率国际领先。

亿昇（天津）科技有限公司研发的磁悬浮鼓风机综合节能技术除在天津泰达西区污水处理厂使用外，还在其他领域得到应用，如表 1 所示。

表 1 　　　　　　　　　　磁悬浮鼓风机在其他领域的应用

序号	项目名称	应用单位	应用效果
1	温州龙湾蓝田电镀基地风机改造	温州海创废水处理厂	满足工况需求，操作简单、运行稳定，噪音下降明显，节能率达 52%
2	石家庄市无极县张段固镇军城皮革有限公司风机改造	石家庄军城皮革有限公司	满足工艺条件，操作简单、运行稳定，噪声下降明显，节能率达 44%
3	济南大金污水处理厂	光大水务（济南）有限公司	安装调试完成，满足现场工况需求，运行正常
4	宝鸡市陈仓虢镇污水处理厂风机改造	江西银龙水环境建设有限责任公司	设备运行稳定，噪声低，操作简单，节能效果明显

"杀手锏"产品获得国家创新创业大赛天津赛区三等奖并入围国家行业总决赛；取得天津市"杀手锏"产品称号；入围国家发展改革委节能技术目录；入围工信部节能机电目录及"能效之星"产品。

亿昇（天津）科技有限公司研发的磁悬浮轴承技术从根本上解决了传统轴承易损坏、转速低等问题，有效改善了鼓风机的产品性能，具有精确控制、无摩擦、高效率、免维护等优点。高速永磁电机在转子上安装了永磁体，在定子绕组中通入三相电流形成旋转磁场带动转子旋转，最终使转子的旋转速度与定子中产生的旋转磁极的转速相等。其相比电励磁同步电机和异步电机的最大优点在于，转子没有导条，不需要采用硅钢片，因此具有极为简单和结实的转子结构，高速性能优异，同时永磁电机转子损耗非常小，具有天然的高效率优势。应用三元流技术设计的离心鼓风机利用高速旋转的叶轮将气体加速，然后在风机壳体内减速、改变流向，使动能转换成压力能，叶轮在旋转时产生离心力，将空气从叶轮中甩出，汇集在机壳中升高压力，从出风口排出。叶轮中的空气被排出后，形成了负压，抽吸着外界气体向风机内补充。

磁悬浮鼓风机相比传统罗茨鼓风机，节能25%～40%；相比多级离心风机，节能20%以上；相比单级高速鼓风机，节能10%～15%。该技术应用前景广阔。

烟台业林纺织印染公司污水降温及余热利用项目

1 案例名称

烟台业林纺织印染公司污水降温及余热利用项目

2 技术提供单位

山东双信节能环保技术有限公司（原威海双信节能环保设备有限公司）

3 技术简介

3.1 应用领域

复叠式热功转换制热技术广泛应用于印染、啤酒、食品等具有高温废弃污水排放，且需要制备高温新水或者需要对排放的污水进行降温的行业。山东双信节能环保技术有限公司（以下简称双信环保公司）在研究该产品前调研了数家印染企业，了解印染工艺废水各阶段的温度和新水加热需要的温度及使用水量，发现节能意识比较好的企业仅通过换热器进行简单的换热来制取热水。这种方式存在两大弊端：一是不能充分提取污水中的热量，交换后的废弃热水温度仍然很高，有时高达40℃，浪费大量热能；二是由于排放的污水温度很高，会破坏污水处理中生化细菌的生存环境，不能有效地对污水进行生化处理，达不到污水排放标准。针对这个情况，双信环保公司采用换热与热泵相结合的技术，既可以充分提取排放废水中的热量，又可以给污水降温。

3.2 技术原理及工艺流程

1. 技术原理

双信环保公司采用多级换热技术，将生产过程中排放的带有一定热量的工艺废水经过热功转换、复叠制热，获得60℃~90℃工艺热水，以达到替代蒸汽、降低生产能耗的目的。该技术可回收工艺废水中75%以上的废热能量，降低排放废水温度，有利于后续污水处理中微生物的培养，保证污水达标排放；同时机组排出的冷量还可以为生产车间降温解暑，改善工作环境。

2. 工艺流程

（1）先将印染洗涤高温废水收集汇总到污水箱，由污水泵输送到过滤系统，滤掉污水中的绒毛、纤维等杂质。

（2）过滤完的废水先与新水进行热量交换，换完热量后再与热泵系统的冷量进行交换，带走热泵系统的冷量。

（3）新水与过滤完的废水换完热量后，再与热泵系统的热量进行交换，置换完的高温新水进入热水箱。

（4）热水箱的高温新水通过热水泵输送到车间需要热水的地方。

其工艺流程如图1所示。

3.3 关键技术及创新点

1. 关键技术

（1）"双隔离多级换热技术"，防止新水和废水的硬度和化学药剂对热泵机组造成结垢和腐蚀破坏，有效降低换热系统清洗频率。

（2）特殊过水方式自动反冲洗过滤器，解决了印染污水中的绒毛难以过滤、废热再利用困难的行业难题。

（3）解决了印染污水排放温度过高、对后期污水处理工艺中培养的微生物在高温下不能存活的难题。

2. 主要创新点

（1）热回收效率高。工艺废水温度在70℃以上时，系统能效比可达到

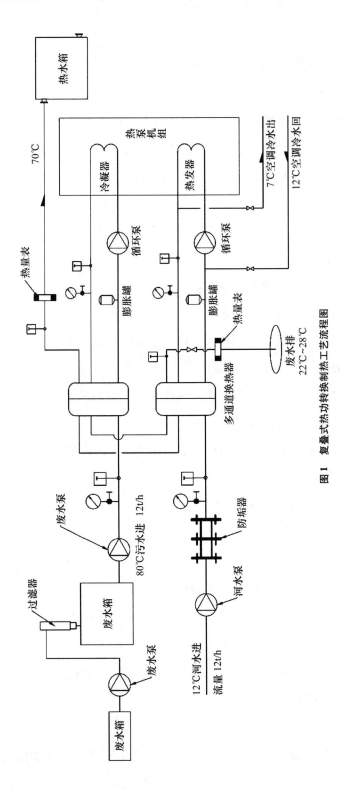

图 1 复叠式热功转换制热工艺流程图

15 以上。另外，该系统还节省印染及同类生产流水线在线加热的时间，加快了生产节奏，提高生产效率 10% 以上。

（2）大大降低污水排放温度，解决了污水处理环节生化细菌因高温无法存活的问题。

（3）该机组在回收余热的同时排出的冷量，在夏天还可以为生产车间降温解暑，改善工作环境。

（4）系统自动化程度高。机组可根据污水箱和成品热水箱的水位自动启停，可设定 24 小时自动运行，只需一名兼职操作人员。该机组还可实现热功自动计量，并实现远程监控。

3.4 技术先进性及指标

1. 技术先进性

（1）采用多级换热技术，工艺废水和新水经前效和后效换热，废水温度由 60℃～75℃降至 40℃以下，再通过中间介质使用热泵技术进行热量回收，最终使废水排放温度达到 20℃～25℃，新水温度达到 65℃～75℃，系统能效比可达到 15 以上。

（2）该技术不同于单纯换热技术，它和热泵技术有效集成、多效利用。其突出特点是排水温度可低于被加热水（自来水）的初始温度并且可控，即便在夏季，污水排出温度也可控制在 25℃以下。因此可完全避免夏季排放到污水处理池的污水温度超出生物菌生存极限，能够有效地进行污水处理。

（3）独特的过滤反冲洗装置，从根本上解决了印染高温污水中的绒毛难以过滤以及印染浆料对滤网和板换堵塞的行业难题，保证了废热回收设备的正常运行。

2. 主要指标

（1）主要技术参数：

流量：6～18m³/h

系统能效比：9 以上

制热量：400kW～1120kW

制冷量：58kW～160kW

总功率：23kW～67kW

（2）能效指标：按照每天收集废水 300 吨，废水温度为 70℃，提取完热量排放的污水为 20℃来计算，可生产 70℃热水 280 吨，节约标准煤 2.75 吨，每天减少二氧化碳排放量 7.2 吨，减少二氧化硫排放量 0.0234 吨；同时，热泵机组可实现岗位空调降温，可提供的冷量为 100kW 左右，能够负担 600 平方米以上的空调面积。

4　典型案例

4.1　案例概况

案例单位为烟台业林纺织印染有限责任公司，印染车间每天排放废水约 300 吨，温度在 50℃～60℃。由于车间管路走向的问题，每天可收集的废水约 150～200 吨。虽然废水量和温度有些偏低，但是符合复叠式热功转换制热机组的运行工艺技术要求。根据现场的实际状况，安装复叠式热功转换制热机组 1 套，过滤系统 1 套，污水箱 1 套，污水提升泵 2 台，并进行相应的管路改造和保温，工程建设占地面积约 100 平方米，总投资 98 万元。

4.2　方案实施

根据烟台业林纺织印染有限责任公司车间的生产工艺，对每个染缸的废水进行收集，管路保温，收集的污水通过斜坡过滤器粗滤后进入污水坑，由污水提升泵输送到污水箱进行储存，同时根据设备间的位置合理布局污水箱、精密过滤器和复叠式热功转换制热机组，进行污水过滤和热能回收利用，整个设备间布局合理，结构紧凑。

4.3　实施效果

该设备在烟台业林印染有限责任公司车间使用一年多来，运行稳定，节能效果显著。通过测算，平均每月制热水约 4500 吨，提取废水中的热量约

15.6 万 kW，折算节约蒸汽费用约 5.5 万元，扣除电费 1.1 万余元，每月的节能净值约 4.4 万元，经济效益显著。

2019 年 7 月，经烟台市清洁能源检测中心检测，该技术节能率为 92.69%，年节约 225.96 吨标准煤，系统能效比为 9.5。

4.4 案例评价

双信环保公司的复叠式热功转换制热技术与其他替代技术对比的能效指标对比参数如表 1 所示。

表 1   **复叠式热功转换制热技术与其他替代技术对比**

项目	复叠热功能转换制热机组	燃气锅炉	蒸汽锅炉	燃油锅炉	燃煤锅炉
能源种类	废水＋电	天然气	蒸汽	柴油	标准煤
环保性	环保	废气污染	无污染	废气污染	废渣、废气污染
安全性	安全可靠，寿命长	有漏气、火灾、爆炸安全隐患	有漏电、电热管老化安全隐患	有漏油、火灾、爆炸安全隐患	有爆炸、火灾安全隐患
便捷性	无人值守	专人管理	专人管理	专人管理	专人管理
能源单价	0.8 元/kW·h	3.2 元/kW·h	0.16 元/kW·h	7.4 元/kW·h	
效率	1125%	90%	90%	90%	限制使用
运行费用（元/天）	354	1124	929	2356	
水成本（元/吨）	7.52	22.47	18.58	47.11	

经过一年多的运行及测试，该系统体现出优异的技术和经济特性，具体如下。

（1）强制降温功能：当污水温度、自来水温度、天气温度过高时，热泵余热回收系统有强制降温功能，即污水的排水温度可以低于自来水进水温度，这是单纯的换热设备无法实现的。

（2）热平衡功能：在污水和热水等同流量的情况下，热水的出水温度可以大于污水的进水温度。因设备出水温度高，可以提高染缸进水温度和开缸温度，节省印染过程中的降温时间，提高生产效率。

（3）高效节能功能：因为采用了热泵低温吸热特性，可以吸取污水中低于自来水温度的那部分热能，并具有增值升温特性，余热利用率比普通换热机组高 50%。

总之，该系统运行可靠稳定，自动化程度高，方便操作；设备运行参数符合工艺方案要求，出水温度、出水量稳定；单位制水量运行电费较使用蒸汽费用大幅降低，处理 1 吨布匹可节约蒸汽 1 吨以上。

山东双信节能环保技术有限公司（原威海双信节能环保设备有限公司）始建于 1998 年，为山东双轮集团旗下子公司。山东双轮集团是全国泵行业前十名企业，员工约 1200 人，占地面积 50 万平方米（分三个厂区）。"双轮"是泵行业第一个"中国驰名商标"，双轮产品是"国家免检产品"，并获得"全国机械工业质量奖"。公司的经营理念是"互诚、互信、共赢、共享"。

山东双信节能环保技术有限公司的经营范围包括：冷水（热泵）机组、热回收利用设备、光伏应用设备、节能设备，环保设备的生产、销售及售后服务；节能技术推广与服务；合同能源管理项目实施。

双信环保公司拥有一支充满朝气的年轻团队，以孜孜不倦、执着忘我的探索和拼搏精神，攻坚克难，潜心研究，为纺织印染企业量身定制全方位、全系统的技能减排增效方案，真诚为纺织印染企业提供"管家"式的服务。

（一）忘我拼搏、执着探索的团队

从"无"到"有"，领潮流之先。印染行业是国家高污染治理的重点领域。目前节能减排成为新的生命线。尽管许多企业加装了换热器，但由于换热后的新水温度不能满足用水的温度需求，仍需要购买蒸汽二次加温，成本节约不理想。加之外需紧缩，内需不足，供大于求，价格竞争将更加激烈，成本已成为竞争取胜的关键要素，节能增效成为市场的关键点。

从"有"到"全"，领行业之先。烟台业林纺织有限责任公司印染车间每天排放废水约300吨，温度在50℃～60℃。这部分废水直接排放不但造成能源浪费，而且在夏季因污水排放温度过高，会导致污水生化处理受到影响，生产无法正常运行。2017年，双信环保公司向该企业推荐双信热功转换制热技术，采用合同能源管理效益分享型合作模式，对原工艺排出的废水系统进行余热回收利用的节能改造。自立项起，项目团队重重攻关，确保项目如期推进。

从"全"到"精"，赢发展之先。双信环保公司始终奉行"品质至上、服务至优、追求能效、合作共赢"的经营理念，为客户提供技术咨询、方案设计等一揽子能源解决方案。为客户创造价值是双信环保公司追寻的目标，双信环保公司更愿意为城市的碧水蓝天尽绵薄之力，给建设绿色家园添砖加瓦。

（二）荣誉专利硕果累累

经中国纺织工业联合会组织的专家评审鉴定，山东双信节能环保技术有限公司工业用复叠式热功转换制热机组技术达到国际先进水平。该技术获得5项国家实用新型专利，获得中国纺织工业联合会科学技术进步三等奖；列入中国印染行业协会第十二批节能减排先进技术推荐目录和工信部《国家工业节能技术装备推荐目录（2018）》。

该项目创新性地开发了工业用复叠式热功转换制热机组，由初级过滤—滤网—丙纶短纤维组成的三级过滤技术，对高温废水进行分级处理；将两级板式换热与热泵技术相结合的双隔离多级换热技术，回收印染高温废水热量，废水温度从70℃～80℃降温到20℃～25℃后排放，将新水由常温加热至70℃～75℃，供生产使用，机组能效比大于15，节能效果显著。

中石化茂名分公司炼油 4 号柴油加氢余热发电项目

1 案例名称

中石化茂名分公司炼油 4 号柴油加氢余热发电项目

2 技术提供单位

北京华航盛世能源技术有限公司

3 技术简介

3.1 技术应用领域与开发背景

北京华航盛世能源技术有限公司（以下简称华航盛世公司）采用向心式涡轮有机朗肯循环（ORC）技术，将部分中、低品位热能转化为高品质的电能，该技术可广泛应用于工业余热和地热等可再生能源领域。

工业余热广泛存在于各行业生产过程中，主要包括废气、废水、废蒸汽、废料、冷却介质的余热和化学反应余热等。工业余热大多为中低温参数，与部分地热的参数相近。这些可回收利用的中低温热也是新能源的重要组成部分。目前我国余热利用率的提升空间还较大。由于生产工艺、季节性和地域性等限制，余热仅用于供热利用不充分的情况。低温余热发电技术可拓展余热利用领域，成为节能减排工作的重要内容。

采用中低温参数的余热发电，可利用低沸点的有机物等作为热力循环的工质，形成有机朗肯循环（ORC）。图1为一种有机工质的朗肯循环系统。图2为一种有机工质的朗肯循环温熵图。

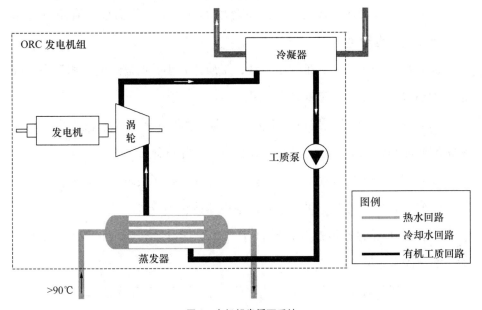

图1　有机朗肯循环系统

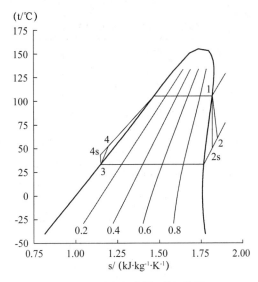

图2　有机朗肯循环的温熵图

通过温熵图可以看出，相对于以水做工质，采用低沸点的有机工质具有如下优点。

（1）工质临界参数低，易于在较高压力下进行低温汽化，推动透平机做功具有较高的热效率，很适合余热回收利用。

（2）工质冷凝压力接近或略高于环境大气压力，不需设置真空维持系统，泄漏损失也较小。

（3）由于透平机进、排气压力高，工质比容小，所需通流面积较小，设备易于小型化设计，制造和维护费用低。

（4）余热锅炉/蒸发器可以不需过热器，膨胀过程无湿蒸汽产生，对透平机的冲蚀和腐蚀小，可适应大负荷变动，设备寿命长。

（5）发电系统构成简单，不需除氧、除盐、排污及疏放水系统。

（6）采用空冷器时，可大幅降低空冷器体积和成本。

（7）工质凝固点很低（通常低于 -70℃），环境寒冷时可提高透平出力，而不需考虑防冻措施。

表 1 为部分有机工质的主要热物性。有机朗肯循环系统选择有机工质时，需综合考虑热源温度、冷源温度、输出功率和膨胀比等因素。

表1 部分有机工质的主要热物性

	分子量 （g/mol）	常压下沸点 （℃）	临界温度 （℃）	临界压力 （kPa）
R113	187.38	47.65	214.4	3456
异戊烷 I-C5	72.15	27.80	187.8	3330
R123	152.93	27.83	183.7	3662
R245ca	134.05	25.22	174.2	3925
正丁烷 R600	58.12	-0.50	152.0	3796
R236fa	152.04	-1.42	124.9	3200

热流体需通过透平机进行膨胀做功，透平机是有机朗肯循环的核心部件之一。用于余热回收发电的透平机主要包括螺杆膨胀机、向心式涡轮机和轴流式汽轮机等。对于小流量干蒸汽系统，常采用向心式涡轮机，具有更高的相对内效率。

在石化生产工艺中，为保障安全性和避免介质受到二次污染，常采用中间热媒介质进行余热回收。由于受换热器传热端差的限制，二次换热必然使总传热温差增大，造成㶲损失增加，不仅工艺物流出口温度提高，余热利用量减少，也使热力循环工质的初参数降低，显著影响余热发电系统的热力循环效率。

本案例针对石化炼油生产工艺的柴油余热利用，采用了自主开发的低温余热直接换热的向心式涡轮有机朗肯循环发电技术。

3.2 技术原理

如图 1 所示，有机朗肯循环系统主要包括三个回路：热水回路、热力循环有机工质回路、冷却水回路。

从外部吸收热量的热水在热水回路内流动。热水进入机组的蒸发器后，将热量传递给机组循环系统内的有机工质，热水温度降低后离开蒸发器，送入后续工艺。

有机工质在有机工质回路内封闭循环流动。液态工质进入蒸发器后，吸收热水的热量，成为饱和或过热蒸汽，然后驱动涡轮机，使热能转化为机械能，再经发电机转换为电能，向外输出电力。涡轮机排出的低压过热蒸汽随后进入冷凝器，被冷凝为液态工质，然后进入工质泵升压，再进入蒸发器进行循环流动。

冷却水在冷却水回路内流动。冷却水进入机组的冷凝器，对有机工质流体进行冷却，并将携带出的热量向外部释放。

图 1 中，作为热源流体的热水也可为其他介质，如烟气、蒸汽和油等；作为冷源流体的冷却水也可为多种介质，如空气等。

3.3 关键技术

1. 向心式涡轮机的设计及制造

向心式涡轮机的通流结构需结合热源、冷源参数和有机工质物性进行设计，也需考虑变工况的适应性。向心式涡轮机的关键设计参数包括叶尖速度 U_2、比转速 N_s、涡轮内马赫数等。向心式涡轮机运行转速高，叶片流线复杂，动静间隙小，设计难度大，加工精度要求高。

华航盛世公司依托北京航空航天大学的技术支持，完成国内首台自主知识产权的向心式涡轮 ORC 发电机组开发。通过改进航空涡轮膨胀机技术，根据流体实际物性参数，建立全三元仿真模型模拟工质流动，并在涡轮机实验平台进行实验验证，自主研发设计制造出针对 R245fa 及 R1233ZD 等新型有机工质的高效涡轮机。公司消化吸收航空发动机叶片、转子等设计与加工技术，对其进行有效转化，使其成功应用于 ORC 涡轮制造工艺之中。图 3 和图 4 分别为华航盛世公司的向心式涡轮机的涡轮实物图和涡轮机实验平台。

图3　向心式涡轮机　　　　　图4　涡轮机实验平台

2. 密封及润滑油系统

为避免循环工质等外泄，涡轮发电机组设有特殊的密封系统（见图5）。由于密封及润滑油系统用油与 ORC 系统的工质都为有机物，易于互溶，因而系统密封以及润滑油系统设计、制造是 ORC 系统的关键难点。引射回油是透平机常采用的一种先进的油路设计方法。华航盛世公司针对涡轮机运行的特点对引射回油系统进行了创新改进，成功地将该方法应用于涡轮机油路系统。公司首创高效半封闭式发电机设计，实现软并网功能，从根本上解决了润滑油泄漏、工质泄漏以及轴对中精度难保障等一系列问题。配合发电机密封技术，该发电机使用了自主研发的工质冷却专利技术，绕组温升低，噪声小，使用寿命长。

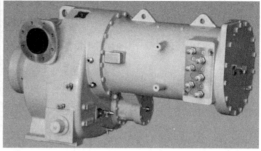

图5　涡轮发电机组密封及润滑油系统

3. 系统集成技术

向心式ORC发电机组体积较小，设备易于集中布置。公司借鉴冷水机组的产品集成设计经验，根据工质参数和各个关键设备的选型情况进行模块化设计，整体优化设备布置和设备之间的管道连接，使之满足撬装化结构要求，便于长途运输以及现场的快速装配（见图6）。

图6　ORC发电机组的模块化系统集成

4. 智能自适应控制技术

有机朗肯循环的参数变化对膨胀比等的影响较显著。针对余热热源的温度和流量等参数经常波动的特性，华航盛世公司应用了独特的自适应热源控制技术，可根据受监控的机组的实时参数，对热源流量进行自适应控制，余热负荷在40%～110%范围内波动时，均可保障发电机组在最优工况下安全运行（见图7）。

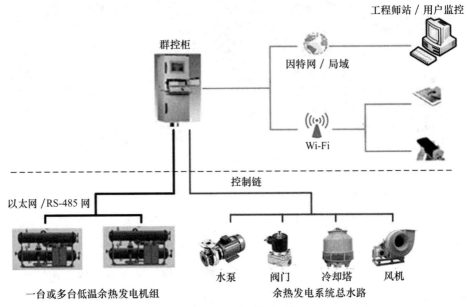

图7　自适应热源控制系统

智能监控系统技术主要模块包括基于发电机安全运行的控制方法、本地监控功能和远程集中监控功能等。

5. 工艺物流直接换热技术

如前所述，采用中间介质二次换热会显著降低低温余热发电的热效率。采用工艺物流直接换热技术，即可大幅提高系统发电量，同时增强工艺物流的散热效率。华航盛世公司针对 ORC 发电机组，通过优化换热器设计来强化传热性和提高设备可靠性，实现了工艺物流高效换热。公司通过改进换热元件结构及材料，匹配循环工质与工艺物流的压力，减小热应力，大幅降低了设备泄漏造成事故的概率。另外，系统可靠的防爆设计可以有效避免发生安全事故。

3.4　技术先进性及指标

采用直接换热向心涡轮有机朗肯循环技术，可显著提高低温余热发电的效率和经济性。华航盛世公司通过自主研发，解决了一系列向心涡轮 ORC 发电系统的关键问题，取得多项创新技术成果。

（1）改进型高效 ORC 向心式涡轮技术，来源于飞机制冷系统的涡轮膨胀机，等熵效率由传统透平机技术的 50% ~ 70% 提高到 83% ~ 90%，效率和可靠性得到大幅提高，达到国际先进水平。

（2）采用工质冷却的半封闭三相异步发电机技术，从根本上解决了困扰开式发电机的润滑油及工质泄漏等一系列问题。采用飞机设计中的系统密封技术及密封材料，使工质单点泄漏少于 10 克/年。

（3）通过先进可靠的换热设备及系统，实现工艺物流直接换热，大幅减少传热温差，可使发电量提高 30%。

（4）在同等热源和冷源条件下，先进的余热发电系统优化集成技术可使发电量超过其他国际知名品牌的机组。

ORC 向心式涡轮发电技术的主要技术指标参数如表 2 所示。

表 2　　　　　　　　ORC 向心式涡轮发电技术主要技术指标参数

膨胀机等熵效率	83% ~ 90%
可用膨胀比范围	2.5 ~ 9.5
热水温度	90℃ ~ 180℃
吨水发电量	2kW·h/t ~ 20kW·h/t
负荷调节范围	40% ~ 110%

4　典型案例

4.1　案例概况

中国石油化工股份有限公司茂名分公司的炼油工艺中，4 号柴油加氢装置加氢脱硫后的精制柴油温度较高，原系统通过 15 台空冷器来对柴油进行降温，不仅浪费了大量余热，空冷器本身也消耗了许多电量。

华航盛世公司针对该企业余热参数情况，设计了采用适宜工质的有机朗肯循环发电系统，以合同能源管理方式进行了余热利用节能改造。项目总装机容量为 1950kW，总投资额为 1920 万元。合同要求系统自发电功率为 1779kW，净发电功率为 1488kW，年节约标准煤 4000 吨。

项目开工时间为 2016 年 10 月，竣工时间为 2018 年 5 月。项目改造实施后，设备及系统运行良好（见图 8）。根据测算，额定工况时，装置自发电功率为 1890kW，净发电功率为 1500kW，可实现年节约标准煤约 4500 吨，优于设计要求。

图 8　ORC 低温发电机组改造后现场

4.2　方案实施

（1）节能改造前情况。4 号柴油加氢装置加氢脱硫后的精制柴油通过 15 台单机功率为 30kW 的空冷器进行冷却，冷却后的柴油温度为 68℃。设备年均运行时间为 8400h。

柴油冷却前的参数范围：温度 130℃～175℃，流量 200t/h～390t/h。

冷却系统设计采用的柴油额定参数为 140℃，流量为 330t/h。

根据设计参数，空冷器运行的年耗电量约为 378 万 kW·h。

（2）改造实施情况。此项目配置一套余热发电系统，包括 3 台向心式 ORC 低温发电机组，总装机容量 1950kW。该项目技术方案如图 9 所示。

从图 9 可以看出，来自供油管道的温度较高的精制柴油依次进入余热发电系统的蒸发器和预热器，经过两级降温至 62℃后返回到原空冷器入口。朗肯循环有机工质在预热器和蒸发器内依次被热柴油加热至饱和温度并逐渐汽化，然后进入涡轮机做功，向外输出电力。涡轮机排出的工质蒸汽进入蒸发式冷凝器，被冷凝为液态，然后经工质泵驱动，压力升高，再进入预热器，进行新的热力循环。

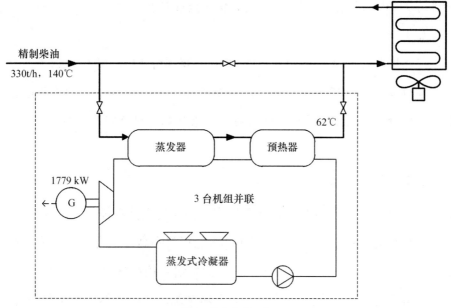

图 9　技术方案示意

正常运行时原设置的所有空冷器停运。当其中一台发电机组故障或检修时，该机组的进油阀门自动关闭，该部分柴油经旁通管路直接送往空冷器（风机可停运）。其他两台发电机组按正常方式运行。

此工程项目于 2018 年 4 月开车调试，5 月调试完成。正式投运后各部件运行状况良好，机组保持在较高的负荷率。

4.3　实施效果

1. 节能减排效益

原生产工艺中，4 号柴油加氢装置平均每小时耗电为 4500kW·h。若余热发电装置每小时净发电 1300kW·h，同时节省风机每小时耗电 450kW·h，则工艺系统能耗可降低 35% 以上。

根据 2018 年 11 月 13 ～ 15 日的实际测试情况，精制柴油流量为 300t/h时，余热 ORC 发电系统平均发电功率为 1826kW，平均自耗电功率为397.5kW，平均净发电功率为 1428.5kW。折算到额定工况精制柴油流量330t/h 时，装置自发电功率为 1890kW，净发电功率为 1500kW，由测试数据推算可实现年节约标准煤约 4500 吨，优于设计要求。

2. 经济效益

以当地电价 0.65 元/（kW·h）计算，每年可节约电费 1000 多万元。

项目投资额为 1920 万元。此项目空冷器节电收益不分享，收益全部归属业主所有。以项目净发电节能收益分享来计算，投资回收期在三年以内，具有较好的经济性。

4.4 案例评价

此项目所采用的 ORC 系统由华航盛世公司自主开发设计，2014 年 3 月通过北京市新产品鉴定。该系统采用的涡轮机效率高，工质泄漏率低，技术成熟可靠。此案例是全球首台（套）工业柴油直接换热的余热 ORC 发电项目。相对于传统使用中间介质的间接换热系统，直接换热可减小传热总端差，使热力循环效率大幅提高。

此项目采用合同能源管理模式，设备投产后，运行状况良好。项目于 2018 年 11 月 28 日通过了甲方的测试验收。

甲方主要验收意见如下：项目通过有效利用 4 号柴油加氢装置精制柴油的余热热量进行发电，大大减少了 4 号柴油装置风冷电能消耗，并产生正效益，降低了全厂能耗，具有较好的经济效益和社会效益。

项目实施并投运后，满足工艺生产需要，平均自发电量 1825kW，净发电量 1428kW，节能量达 3840 吨标准煤/年，每吨柴油年节约标准煤 12.8 吨，按额定负荷折算后符合合同约定，达到预期效果。

北京华航盛世能源技术有限公司成立于 2011 年 12 月，注册资金 4000 万元，是由数名行业技术专家联合北京航空航天大学共同发起成立的高科技企业，公司以工业节能解决方案为技术发展核心。公司吸收转化了众多航空航天领域科研成果与国际先进技术，在工业余热余压回收利用和系统优化等

节能减排领域，自主创新开发出各类技术产品及解决方案。公司的主营业务是向心式涡轮有机朗肯循环（ORC）中低温余热发电的系统设计、设备研发、生产、施工及相关节能服务。

华航盛世公司拥有向心式涡轮有机朗肯循环（ORC）中低温余热发电机组的全部知识产权。公司共有 35 项专利，其中已授权 3 个发明专利、19 个实用新型专利及 11 个软件著作权，2 项发明在申请中。

2014 年 6 月，华航盛世公司研发的 HSRT 300 型向心式 ORC 低温发电系统获得科学技术部科技型中小企业技术创新基金立项；2016 年获得北京市节能环保低碳创业大赛第一名，入选《北京市节能低碳技术产品及示范案例推荐目录》和中关村国家自主创新示范区第一批新技术新产品政府首购产品名单；2017 年获得中国创新创业大赛新能源与节能环保行业北京市亚军并在全国总决赛中获得优秀企业称号；2019 年 1 月获得中国节能协会节能服务产业委员会 2018 合同能源管理优秀项目。

该案例为全球首台（套）工业柴油（工艺物流）直接换热的余热发电项目，通过采用有机朗肯循环（ORC），将部分低品位余热转化为高品质电能，拓展了中低温余热的利用领域。其中，有机工质的应用，可适应余热资源的温度范围；向心涡轮技术和直接换热技术的应用，大幅提高了系统发电效率以及系统运行的可靠性。该技术可广泛应用于工业余热及地热等可再生能源领域。

天津天保能源海港热电厂烟气深度余热回收利用

1 案例名称

天津天保能源海港热电厂烟气深度余热回收利用

2 技术提供单位

北京华源泰盟节能设备有限公司

3 技术简介

3.1 技术应用领域与开发背景

北京华源泰盟节能设备有限公司（以下简称华源泰盟）研发的烟气余热深度回收技术主要用于回收烟气余热。其通过结合喷淋换热和热泵技术可回收烟气中部分水蒸气的潜热，并进一步净化烟气，可广泛应用于热电联产、集中供热、钢铁厂、焦化厂、石油化工厂等企业。

对于不同余热介质和余热利用方式，可采用不同的余热回收换热器。余热回收换热器一般分为三类：间壁式、蓄热式和直接接触式。其中，间壁式换热器应用最多，通过导热材料传热，可避免冷热流体的接触，但受传热端差和传热系数的限制，设备尺寸较大、成本较高；蓄热式换热器通过冷、热流体交替与蓄热载体换热实现热传递，设备体积小、成本低，但仅适用于对介质泄漏、混合要求不高的场合；直接接触式换热器是冷热介质直接接触换热，传换温差小，换热效率高，设备结构简单，但需要解决介质污染和设备腐蚀等问题。

目前燃煤发电等行业的锅炉烟气余热回收换热器多采用间壁式。烟气中含有水蒸气、酸性物质和灰尘，余热回收换热器很容易发生低温腐蚀和堵灰，因而一般不能使排烟温度降低到烟气酸露点。对于湿式脱硫后的烟气，大量烟气显热被水吸收，烟气温度虽然已经较低，但水蒸气含量很大，排放的烟气携带走大量潜热。

如何降低排烟含水量，回收烟气中水蒸气的潜热，实现余热的深度回收利用，是烟气余热利用领域的新课题。

华源泰盟针对上述问题，结合天然气锅炉烟气余热深度回收利用技术的应用经验，通过采用直接接触式换热器和吸收式热泵技术，以自主技术创新解决设备的腐蚀、堵塞、污染和低温热利用等问题，成功开发出适应性更强的湿烟气余热利用新技术。

3.2 技术原理

华源泰盟开发的烟气余热深度回收技术基于喷淋塔和吸收式热泵机组两个核心设备。图 1 为该技术的典型系统流程，在烟气脱硫塔后设置的喷淋塔即为直接接触式喷淋换热器。

从图中可以看出，烟气进入喷淋塔后，由下至上与其中喷淋雾化均匀的低温水滴直接接触换热，烟气温度被降低至露点以下，烟气中大部分水蒸气凝结成冷凝水。

升温后的喷淋水进入中介水箱，经过滤和加药处理后的清水，由主循环泵送至吸收式热泵的蒸发器，作为热泵系统的低温热源。过滤产生的污水则经进一步处理后作为脱硫塔的工艺补水或其他工艺水。

吸收式热泵机组通过外部高温热源（燃气、蒸汽或 110℃ ~ 120℃ 高温热水）和内置泵，驱动内部工质完成循环运行。热泵机组中的循环工质在热泵蒸发器低温热源中介水中提取热量，在热泵冷凝器中向工艺流程水放热，

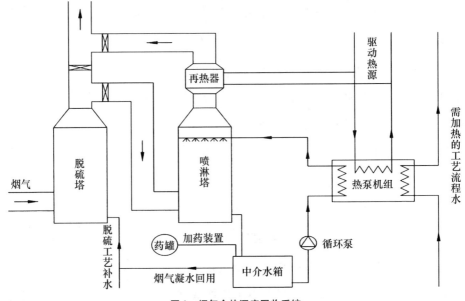

图1 烟气余热深度回收系统

被加热的工艺流程水再向外供热。

在热泵机组中降温的中介水返回喷淋塔，再作为喷淋换热器的低温喷淋水，进行吸收烟气热量的循环。

喷淋塔出口的烟气可以经过烟气再热器适当加热后从烟囱排放。烟气再热器的加热热源可与热泵的驱动热源相同。烟气再热器可提高烟气中剩余蒸汽的过热度，并提高烟气排放的提升力及在大气环境中的扩散能力。

在喷淋塔中，由于烟气与喷淋雾化的中介水逆流直接接触，中介水对烟气具有较好的洗涤作用，能够进一步降低二氧化硫、灰尘等污染物排放。

3.3 关键技术

1. 吸收式热泵

热泵可提供温度较低的冷却介质，回收利用各种低品位余热，使低温烟气中的水蒸气进一步冷凝。吸收式热泵可直接利用热源作为驱动能源，而不需要电力。企业利用余热进行供热时，常采用参数适宜的水—溴化锂吸收式热泵机组。

在水—溴化锂热泵中，溴化锂是溶质和吸收剂，水是溶剂和制冷剂，工质对环境没有污染，不破坏大气臭氧层。图2为水—溴化锂吸收式热泵的工作原理。

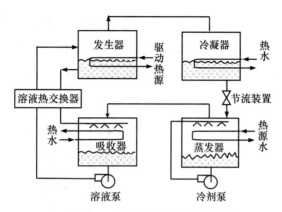

图2 水—溴化锂吸收式热泵工作原理

吸收式热泵装置主要由发生器、冷凝器、蒸发器、吸收器和节流装置等组成。各部件的主要功能如下。

发生器：高温的驱动热源在发生器内加热溴化锂溶液，使溶液中的部分水分汽化蒸发，溴化锂溶液浓度提高。蒸发出的水蒸气进入冷凝器，浓缩后的溴化锂溶液通过溶液热交换器进入吸收器。

冷凝器：水蒸气在冷凝器内凝结放热，将热量传递给外部的热网热水等载热介质，冷凝水通过节流装置等降压后进入蒸发器。

蒸发器：在真空度较高的低压环境下，水的饱和温度大幅降低，冷凝水在蒸发器内吸收热源水携带的低温余热后不断蒸发，产生的水蒸气进入吸收器。

吸收器：吸收器内的水蒸气被由发生器进入吸收器的溴化锂浓溶液吸收，从而使溴化锂溶液浓度降低，水蒸气分压同时降低。通过吸收水蒸气可使吸收器内达到很高的真空度，为产生制冷剂循环并吸收低温余热提供必要条件。吸收过程是放热过程，水蒸气释放出潜热。系统通过热网热水等将吸收器的放热带走，以维持适宜的吸收工作温度。由发生器进入吸收器的溴化锂浓溶液被均匀喷淋在吸收器换热面，以适宜的速度降温，从而提高溶液吸收水蒸气的能力。

吸收式热泵还配有溶液泵、溶液热交换器和冷剂泵等。溶液泵可将溴化锂稀溶液升压送往压力较高的发生器，为溴化锂溶液的连续吸收—蒸发工作提供循环动力。溶液热交换器也称为回热器，既可提升由吸收器进入发生器的稀溶液温度，降低驱动热源能耗，也可降低由发生器进入吸收器的浓溶液温度，提高吸收器工作能效。冷剂泵将蒸发器下部的冷剂水升压喷淋在蒸发器换热面上，使冷剂水不断蒸发，采用高倍率循环喷淋可提高蒸发器的工作能效。

华源泰盟针对余热利用吸收式热泵机组的工作特点，对传统热泵技术进行了改进。因供暖负荷随着环境温度的变化具有较大幅度的波动，供热锅炉处于变工况运行，因此相匹配的吸收式热泵设计需考虑采暖初期、末期和严寒期的全工况运行。华源泰盟为此研发了适于锅炉烟气余热回收的专用吸收式热泵，采用如图 3 所示的多级蒸发器和多级吸收器的结构形式，使热源水在多级蒸发器中逐步降温，对外供热的热网热水在多级吸收器中逐步升温，从而获得更高的热水出口温度，机组及供热系统的变工况适应性也显著增强。表 1 列举了华源泰盟所改进吸收式热泵的优势。

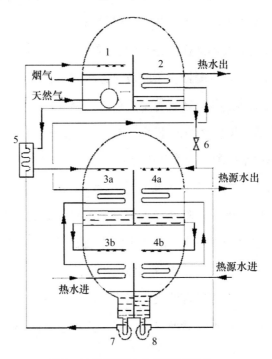

图3　多级蒸发器和多级吸收器结构

表 1   吸收式热泵的优势

工艺改进	优　势
多级蒸发、多级吸收	热网水温升高，热源水温降低，制热系统能效高
全工况运行控制	供暖初期、末期、严寒期均能自适应高效运行，溶液/水自适应调控，系统智能化程度高、稳定
研发设计抽真空引射器	系统高效抽真空，减少不凝气体，换热效率高，供热工况运行温度高
防腐	蒸发器换热管采用防腐材质，适应喷淋式换热烟气余热回收工艺
热泵自身烟气余热回收	热泵自身热效率高
多分体、模块化技术	单台机组容量大、占地小，减小场地要求

2. 直接接触式喷淋换热器

不同于常规喷水雾化蒸发，喷淋换热器是通过小水滴使水蒸气冷凝。开发者从单个水滴的运动以及换热特性出发，通过对喷淋换热器内部的热质传递特性和阻力特性进行系统研究，提出喷淋换热器的设计理论，形成线算图。

（1）理论研究。通过理论计算，分析不同烟气温度、烟气湿球温度、喷淋冷水温度、喷淋水气比、雾化水滴粒径、烟气流速和换热器高度等关键性参数对换热特性的影响，初步确定喷淋换热器的最佳设计参数。

（2）喷淋换热器的数值模拟。采用 CFD 软件对喷淋换热器进行数值模拟，与理论计算相互验证。

（3）喷嘴雾化和布置方式研究。通过搭建试验台，分析喷嘴喷射压力、雾化角度、雾化粒径等关键参数，分析各种喷嘴的特性（见图 4）；依据对使用环境、烟气喷淋换热特性的研究，合理确定喷淋换热器设计结构及喷嘴规格、数量和布置方式（见图 5）。

（4）直接接触式喷淋换热器较常规间壁式换热器具有的优势如下。

其一，传热温差小，余热回收量大。直接接触式换热器使喷淋水与烟气直接接触，喷淋水雾化成小颗粒，工质接触面积增大，传质传热好，可大幅降低烟气温度，回收更多烟气显热及潜热。

其二，易于防腐，换热性能稳定。直接接触式换热器可以通过对内部循

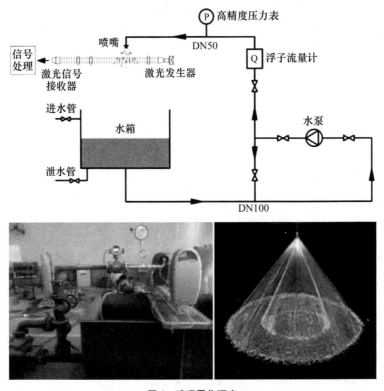

图 4　喷嘴雾化研究

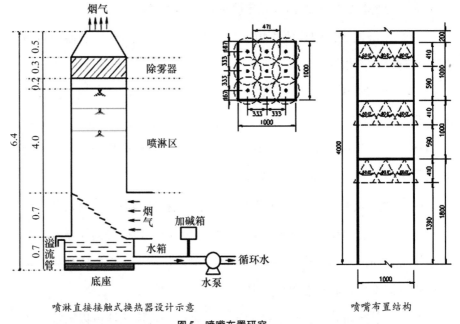

喷淋直接接触式换热器设计示意　　　喷嘴布置结构

图 5　喷嘴布置研究

环中介水进行处理,保证系统内流动的水均处于中性或弱碱性(pH≥7),不发生酸腐蚀。同时,与烟气直接或间接接触部分,采用不锈钢或玻璃钢材料,喷淋水喷嘴采用不锈钢或碳化硅材料。而间壁式换热器由于直接在换热面上形成酸性冷凝水,无法进行中和处理,换热面会发生强烈的腐蚀,如果换热管采用非金属材料,则传热系数降低,大幅增加设备体积。

其三,造价低,易施工和维护。直接接触式换热器采用空塔喷淋的方式,不需大量的换热面,通过人孔可方便维护检修;可直接替代一部分烟道,施工简单;可根据锅炉实际运行方式进行喷淋调控,流动阻力小,余热回收机组停运不影响原锅炉运行。

3.4 技术先进性及指标

华源泰盟根据清华大学提出的基于喷淋换热的烟气余热回收与减排消白一体化技术,首创燃煤锅炉湿法脱硫后烟气余热深度回收利用成套技术,取得多项专利。中国节能协会组织科技成果评审认为:该技术具有节能、减排、节水三重作用。中国制冷学会对系统关键设备进行产品鉴定认为:烟气余热回收系列产品达到国际先进水平。

该技术的主要技术性能指标如下。

(1)针对燃煤锅炉烟气余热回收,通过吸收式热泵和直接接触式换热技术的有机结合,解决了湿度较大的低温烟气换热过程中的腐蚀问题,实现深度回收烟气余热,并回收水分。余热回收系统可使排烟温度降至20℃~25℃,烟气含湿量降至2%~3%,锅炉热效率提高7%~10%。

(2)吸收式热泵机组采用多级蒸发和多级吸收形式,在冷却条件相同的情况下,使溴化锂稀溶液浓度降低,浓、稀溶液的浓度差增大,从而获得更高的热水出口温度和能效比;也可改善内部传热,降低设备成本,增加工况适应性。吸收式热泵COP达1.7以上,并可实现20%~120%的变工况运行。

(3)喷淋式换热器换热系数高,可大幅度降低换热成本。烟气与冷却水之间的换热端差可达 2℃ 以内，比传统间壁式换热器的传热温差降低 60%。

（4）喷淋式换热器流动阻力小，气侧阻力在 300Pa 以下；除雾效果好，除雾器除雾效率在 99.2% 以上；易于防腐，使用寿命可达 20 年以上，显著长于间壁式换热器。

（5）喷淋式换热器可进一步降低脱硫塔后的烟气污染物浓度，可使二氧化硫排放降低 55% 以上，烟尘和氮氧化物排放也有所降低。

4　典型案例

4.1　案例概况

天津天保能源股份有限公司海港热电厂主要承担保税区内工业蒸汽及采暖热源服务，因工业用蒸汽基本不回收凝结水，锅炉补水量很大，补水加热和除氧器耗用的蒸汽量较大。该厂 4 台锅炉均单独配置一套氧化镁湿法脱硫系统，脱硫后烟气温度在 50℃ 左右，全部锅炉烟气并入一座混凝土烟囱排放。

2017 年 8 ~ 11 月，华源泰盟对该厂 4 台燃煤锅炉进行了烟气余热深度回收利用技术改造，在脱硫装置后新增喷淋式换热器和吸收式热泵系统，回收部分烟气显热和水蒸气潜热，用于加热锅炉补水。根据综合测算，项目实施后可年节省加热蒸汽约 52716 吨，有较好的节能减排和经济效益。

4.2　方案实施

1. 改造前相关用能情况

天津天保能源股份有限公司海港热电厂发电机组配置 4 台 75t/h 循环流化床锅炉，冬季蒸汽供热负荷约 200t/h，夏季蒸汽供热负荷约 100t/h。原系统中，20℃ 左右的锅炉补水经蒸汽加热至 80℃ 后进入除氧器，除氧器加热除氧后出口水温为 104℃。锅炉补水和除氧器的加热蒸汽来自汽轮机同级抽汽，蒸汽设计压力为 0.98MPa、温度为 195℃。

2 改造后主要用能情况

余热利用改造包括在每台锅炉脱硫塔后增加一台直接接触式喷淋换热器，同时整体设置两台吸收式热泵机组及其相应的配套设施系统。系统回收的烟气余热和输入的热泵驱动蒸汽热量将锅炉补水由20℃加热至80℃后进入除氧器。冬季运行两台热泵，余热回收系统同时将脱硫后烟气温度降至40℃以下，随后再通过蒸汽加热提高至55℃以上排出。夏季仅一台热泵运行，排放的烟气不进行再热。原除氧加热方案不变，热泵驱动蒸汽和烟气再热加热蒸汽采用与原锅炉补水加热蒸汽相同的汽源。

3. 具体改造方案

天津天保能源海港热电厂的烟气余热深度回收系统包括加热蒸汽系统、锅炉补水系统、烟气系统、中介水系统和吸收式热泵系统等。图6为该厂烟气余热利用流程图。

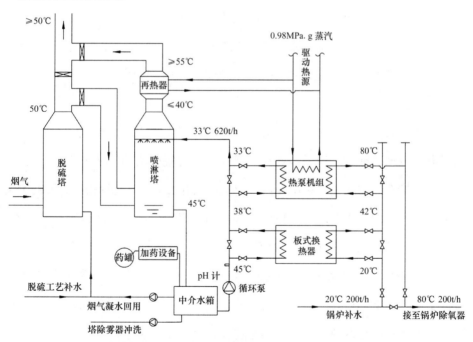

图6 天津天保能源海港热电厂烟气余热利用流程

（1）加热蒸汽系统。从厂内蒸汽管线引来的高温蒸汽分为两路：一路进入烟气再热器内将经喷淋换热器降温后的烟气加热升温；另一路进入热泵机房用以驱动吸收式热泵。加热蒸汽在热泵和烟气再热器冷凝产生的凝结水均引入锅炉间疏水扩容器内。

（2）锅炉补水系统。在锅炉补水主管路设置旁通阀，将部分或全部补水引入余热回收系统内，锅炉补水依次经过板式换热器、吸收式热泵机组的冷凝器加热升温，再进入除氧器。因预热温度较高，除氧器所耗蒸汽大幅减少。

（3）烟气系统。脱硫塔后的烟气从喷淋塔底部侧面进入塔内，与喷淋的中介水液滴逆流接触换热，同时进一步脱硫和除尘。烟气降温后，经过喷淋塔上部除雾器去除烟气携带的液滴后，进入烟气再热器加热升温后排放。

（4）中介水系统。在喷淋塔带走烟气部分热量和污染物的中介水从塔底部流至中介水箱蓄水池，经沉淀、过滤和加药处理后的清水，由中介水循环泵升压，依次进入板式换热器、吸收式热泵机组的蒸发器，经锅炉补水和热泵系统冷却降温后，再进入喷淋塔进行喷淋雾化、与烟气传热传质，不断循环。

中介水箱清水也可作为喷淋塔除雾器的冲洗水。中介水箱过滤产生的污水则进入污水处理设备进一步处理，然后再作为脱硫塔的工艺补水。中介水箱通过保持液位防止循环泵出现汽蚀，同时排出溢流水，使系统自动维持循环水量平衡。中介水循环泵出口管路设有 pH 值传感器，以此自动调节中介水箱的加药量，调控中介水的 pH 值。

（5）吸收式热泵系统。如吸收式热泵原理部分所述，在加热蒸汽和溶液泵等驱动作用下，通过溴化锂溶液的蒸发、吸收作用使工质不断循环，在热泵蒸发器吸收中介水热量后，在热泵冷凝器加热锅炉补水。

表 2 和表 3 分别列出了余热回收系统配置的主要设备及性能参数。图 7 为烟气余热回收系统机组，图 8 为直接接触式喷淋换热器及烟道。

表2   余热回收系统配置的主要设备及性能参数

序号	项目	型号	数量	单位	备注
1	吸收式热泵	YHRU18G – TBHG	2	台	集成凝水泵、降温减压装置，功率8kW
2	锅炉喷淋塔	PLT4000-75	4	台	每台锅炉配置一台
3	中介水箱	$V = 118m^3$	1	个	$6m \times 6m \times 3m$
4	加药装置	$Q = 0 - 200L/H$ $H = 24m$	1	套	两泵一箱一罐 $V = 10m^3$，泵功率0.4kW
5	板式换热器	3.0MW	2	台	中介水直接加热补水
6	烟气再热器	800kW	4	台	冬季采用，变工况运行
7	中介水循环泵	$Q = 346m^3/h$ $H = 60m$	3	台	泵功率90kW 变频控制，两用一备
8	工艺冲洗泵	$Q = 5m^3/h$ $H = 32m$	2	台	泵功率1.5kW 变频控制，一用一备
9	烟气凝水回用泵	$Q = 11m^3/h$ $H = 10m$	2	台	泵功率0.75kW 变频控制，一用一备

表3   余热回收系统的性能参数

名　称		单　位	参　数
热泵	供热量	MW	2×4.37
	余热回收量	MW	2×1.8
	制热系数 COP		1.7
加热蒸汽	蒸汽压力	MPa	0.98
	蒸汽温度	℃	195
	凝结水温度	℃	90
	进热泵流量	t/h	2×3.776
	进烟气再热器流量	t/h	4×0.75
锅炉补水	板换入口温度	℃	20
	热泵入口温度	℃	42
	热泵出口温度	℃	80
	流量	t/h	2×100
中介水	板换入口温度	℃	45
	热泵入口温度	℃	38
	热泵出口温度	℃	33
	流量	t/h	2×309.6

名　称		单　位	参　数
烟气	喷淋塔入口温度	℃	50
	喷淋塔出口温度	℃	40
	再热器出口温度	℃	55
	流量	Nm^3/h	4 × 106165

图7　烟气余热回收吸收式热泵机组　　图8　直接接触式喷淋换热器及烟道

4.3　实施效果

项目改造前锅炉补水全部采用蒸汽加热。机组在供暖季运行时间约3000小时，非供暖季运行时间约5000小时，平均负荷系数为0.9。

1. 改造后项目的节能效益

（1）节约蒸汽消耗。项目改造后，实际由回收的烟气余热和蒸汽等共同加热锅炉补水。在供暖季，回收烟气余热量约为8.64MW，回收余热折算为加热蒸汽量约12.75t/h，除去烟气再热的蒸汽消耗2.7t/h（低于设计值），余热用于加热补水可净节约蒸汽约10.05t/h。

在非供暖季，回收烟气余热量约为4.32MW，烟气不需再热，回收余热可节约加热补水蒸气约6.37t/h。

供暖季节约蒸汽25625t，非供暖季节约蒸汽27092t，全年合计节约加热蒸汽约52717t。

（2）增加电力消耗。项目改造后尾部烟道通风阻力增大导致引风机电耗增加，同时余热回收系统新增了中介水循环泵、吸收式热泵、凝水泵、冲洗水泵、加碱装置等设备的电耗。根据测算，供暖季平均增加用电负荷约198kW，用电量增加504690kW·h；非供暖季平均增加用电负荷约99kW，用电量增加420570kW·h；全年总计增加用电量925260kW·h。

（3）项目改造的节能效益。项目改造后，每年节约蒸汽消耗的折标准煤量为5462tce，增加设备运行电耗的折标准煤量为291tce，合计每年节约标准煤5171tce。

2. 案例的投资收益

项目总投资1300万元，获得节能环保补助约200万元。

按实际运行状况，电费、氢氧化钠耗费和人工费的年运行成本总计约130万元（未考虑节水收益）。

以节省蒸汽费用计算收益，按照蒸汽价格204元/吨计，则年净收益约945万元，项目静态投资回收期约为1.16年。

以节省燃煤费用计算收益，按热值5500kcal/kg的动力煤单价740元/吨计，则年净收益约384万元，项目静态投资回收期约为2.86年。

4.4 案例评价

该项目针对燃煤电厂湿法脱硫后烟气低温、高湿的特点，通过有机结合喷淋式换热器和吸收式热泵等关键技术，能够将湿烟气温度由脱硫塔出口的50℃降至40℃以下，充分回收烟气中水蒸气的潜热，并回收大量冷凝水作为脱硫塔补水，减少湿法脱硫中的蒸发耗水量；喷淋换热同时对排烟进行再次洗涤处理，可进一步净化烟气。该案例同时实现了节能、节水和减排。

该项目针对工业供汽补水量大的特点，将回收的锅炉余热全部用于加热锅炉补水，通过板式换热器与热泵系统的结合，进行梯级换热，实现低温余热的经济、高效利用。

由于锅炉补水加热负荷与余热利用机组的负荷较难一致，该系统热平衡调节较为困难。案例项目通过在原有工艺管道上安装流量调节阀，调节进入热泵机组的锅炉补水、中介水和供汽量等，可实现运行模式的自由切换和负荷调整，适应在不同季节、不同负荷下的变工况运行。

该项目可回收脱硫塔喷淋浆液蒸发的水分约 5.6 万吨/年，并自动控制余热利用系统循环中介水的水平衡。该项目可自动控制循环中介水的水处理，有效解决了设备腐蚀问题。

应用单位认为项目主要性能指标达到设计要求。天津市节能中心对该项目进行了节能评估，编写了项目节能效果评价报告，充分肯定了项目的节能减排效果和经济效益。

北京华源泰盟节能设备有限公司成立于 2011 年，是一家隶属烟台冰轮集团的国有企业，公司注册资本 1.2 亿元，是国家级高新技术企业。公司以清华大学的科研实力为支撑，提出系列集中供热节能减排和天然气高效利用解决方案，获得国家发明专利 20 余项，形成了 4 大系列核心技术、10 大类专利产品，获得多项国家级、省部级奖项。

公司通过了 ISO9001 质量管理体系认证、ISO14001 环境管理体系认证、ISO28001 职业健康安全管理体系认证。公司立足科技创新，承担了科技部及北京市科委"基于热电联产的余热高效回收利用技术合作研究与示范""喷淋式燃气锅炉烟气余热回收利用一体化"等 8 个科研项目。公司实施的"基于吸收式换热的热电联产集中供热技术"已被列入《国家节能技术推广目录》、"十二五"节能环保产业规划，并获得节能中国优秀技术、北京市科学技术一等奖、2013 年国家科技发明二等奖；公司产品获得中国质量评价协会的科技创新产品优秀奖、科技部国家重点新产品奖等。

华源泰盟专注于清洁供热领域的技术创新，有多年实践经验的积累，不断开拓技术应用新领域，成为此领域的开拓者、倡导者和领跑者。

2012 年 11 月，"基于吸收式换热的热电联产集中供热技术及关键设备——余热回收专用机组、吸收式换热机组"获"科技创新产品优秀奖"。

2012 年 12 月，"基于吸收式换热的热电联产集中供热技术"获"北京市科技发明一等奖"。

2013 年 7 月，"基于吸收式换热的热电联产集中供热技术"获得国务院颁发的国家科技发明二等奖、北京市科学技术一等奖、节能中国十大应用技术等奖项。

2014 年 12 月，公司荣获"中关村信用双百企业"称号。

2015 年 7 月，"吸收式大温差换热机组"荣获"北京市新技术新产品"称号。

2015 年 8 月，"北京未来城柏林在线大温差供热工程"荣获"2015 年度首都蓝天行动科技示范工程"称号。

2015 年 10 月，世界首例——济南北郊热电厂燃煤烟气余热深度回收项目成功投入运行。

2015 年 11 月，"永安热力沙河锅炉房"及"未来燃气电厂"烟气余热深度回收项目代表中国自主研发技术在巴黎气候大会上重点展示。

2016 年 1 月，公司当选中国节能协会热电产业联盟理事长单位。

2016 年 3 月，"全热回收的天然气高效清洁供热技术及应用"经教育部鉴定，达到国际领先水平。

2016 年 4 月，公司获得"中国 AAA 级信用企业"称号。

2016 年 10 月，"昌平南环供热厂煤改气工程项目"荣获"2016 年度首都蓝天星空科技示范工程"称号。

2016 年 11 月，吸收式大温差换热机组获"中国百强黑科技"荣誉称号，"全热回收的天然气高效清洁供热技术及应用"获"北京市科技发明一等奖"。

2017 年 4 月，公司参与《吸收式换热器》国家标准制定。

2017 年 8 月，吸收式大温差换热机组荣获"首届节能环保专利特等奖"。

2017 年 11 月，"基于喷淋换热的烟气余热回收与减排一体化技术"荣获"首届中国节能环保创新应用大赛"金奖。

2018 年 3 月，全球首例极寒地带燃煤锅炉烟气余热深度回收项目——嫩江盛烨热电清洁供暖工程建成。

2018 年 8 月，河北清华发展研究院与北京华源泰盟节能设备有限公司共同组建河北清华院清洁供热发展中心。

2018 年 11 月，国内首例冬季余热供热同时夏季高效制冷项目——山东能源淄矿集团余热回收示范项目投产。

2018 年 12 月，公司荣获"中国节能减排企业贡献一等奖"。

2018 年 12 月，公司"烟气余热深度回收技术"入选北京市发展改革委《2018 年节能低碳技术产品推荐目录》。

2019 年 11 月，鹤壁煤电股份有限公司热电厂循环水余热利用示范项目获评 2019 年度中关村首台（套）重大技术装备实验、示范项目；2019 年 12 月，再获"中国节能环保专利一等奖（国家级）"；2020 年 11 月，荣获"中国华电集团科技进步一等奖（省部级）"。

2020 年 11 月，由清华大学、中国建筑科学研究院有限公司、北京华源泰盟节能设备有限公司联合起草、编制的 GB/T 39286—2020《吸收式换热器》国家标准正式发布。

2020 年 12 月，"基于低品位余热利用的大温差长输供热技术"入选国家四部委《绿色技术推广目录》。

截至 2020 年 12 月，公司先后实施上百项余热利用工程，回收余热 8000MW，余热供暖面积 1.7 亿平方米，年节约标准煤 300 万吨，持续为社会创造节能环保效益。

专家说

该案例是首例全年运行的燃煤锅炉烟气余热回收项目。其采用"吸收式热泵＋直接接触式换热器"相结合的方式，在换热的同时降低烟气污染排放，实现余热回收与减排一体化；同时形成了一套高效供热系统流程设计和运行控制方法，保障了采暖季不同工况下系统设备的稳定运行。

郑州航空港区安置房高延性冷轧带肋钢筋应用工程

1 案例名称

郑州航空港区安置房高延性冷轧带肋钢筋应用工程

2 技术提供单位

安阳复星合力新材料股份有限公司

3 技术简介

3.1 应用领域

安阳复星合力新材料股份有限公司（以下简称安阳合力）研发的高延性冷轧带肋钢筋技术适用于建筑、高速铁路、高速公路、桥梁、隧道、市政工程、机场跑道、焊接网等领域。

在生产节能减碳方面，与 HRB400、HRB500 热轧带肋钢筋相比，该技术的综合制造能耗可降低 10kgce/t。据统计，相比于 HRB400 热轧带肋钢筋，该技术能使吨钢节材 19.44%。

通过该技术生产的带肋钢筋，其抗拉强度在 600MPa 以上，延伸率达 14% 以上，最大力总伸长率（Agt 值）达 5% 以上。

3.2 技术原理

安阳合力高延性冷轧带肋钢筋是根据"冷塑性变形强化 + 再结晶退火热

处理"原理，以普碳钢 Q235 为原料，通过优化 1.4~1.75 规格变形延伸率工艺区间，提升轧制强化效果和成品横纵肋尺寸保障能力；通过优化各规格（5mm~12mm）钢筋在 500℃~620℃ 的再结晶退火热处理工艺，消除残余应力，修复内部晶体缺陷，提高钢筋延性，提升钢筋综合性能，在不添加任何微量合金的情况下，其能稳定、高效生产屈服强度≥540MPa、最大力总伸长率≥5%、综合性能良好的 500MPa 级高强钢筋。这是一种新的生产500MPa 级高强钢筋的方式。

高延性冷轧带肋钢筋生产线的工艺流程如图 1 所示。

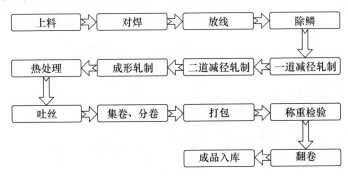

图 1　高延性冷轧带肋钢筋生产线的工艺流程

原料盘卷经天车调运到上料位进行连续高速叠放立式上料，并将上下盘卷的头尾对焊连接，进行放料；然后进入除鳞机折弯除鳞，除鳞后经导槽进入轧机轧制，经多道次主被动或双主动顶交 45 度进行无扭轧制，原料经轧制形成两面月牙形横肋及纵肋。轧机后布置螺纹测径仪，测径仪采用高精度多通道激光动态成像螺纹检测技术，实时在线显示横肋高、纵肋高、基圆、单重等数据，轧制完成后进入感应加热炉在线退火热处理，温度范围 540℃~630℃。热处理后钢筋进入夹送辊、吐丝机，将低于 500℃ 的钢筋高速弯成圆圈状，并顺序叠放在输送辊道上，输送辊道将吐丝后钢筋圆圈输送到集卷站集卷。最后进行称重打包、称重检验、翻卷入库。

3.3　关键技术

1. 连续高速叠放立式上料

原料盘卷经天车吊运到上料鞍座上料位，上料小车低位运行到上料位，升起、后退，托运盘卷到开卷位，上料岗位人员手动剪断打包丝开卷，头尾整理，上料小车旋转180度后向上料翻转芯轴运行，将整理后的盘卷套装到翻转涨缩芯轴上，上料小车下降、后退回到开卷位旋转180度后等待下一次上料。

2. 多道次主被动或双主动顶交45度无扭轧制

盘圆经上料模具校直后，在上料导轮导向作用下进入除鳞机折弯除鳞，原料除鳞后经导槽进入轧机轧制。轧机根据轧制规格不同采用三道次一拖二主被动轧制，或采用两道次双主动轧制。两种方式最后一道次均为成形道次。前面的一道次主动或两道次被动为减径道次，采用多道次主被动或双主动轧制工艺，可以最大限度地匹配轧制变形率，发挥轧制强化效果。

3. 高精度螺纹测径

轧机后布置螺纹测径仪，测径仪采用高精度多通道激光动态成像螺纹检测技术，使用专门的冷轧螺纹钢数据处理算法，实时在线显示横肋高、纵肋高、基圆、单重等数据。实时螺纹检测技术是实现在线质量控制的基础。

4. 大功率高效感应退火热处理

轧后钢筋进入感应加热炉进行在线退火热处理。热处理温度根据规格和实测性能进行调整，温度范围为540℃～630℃。为满足高速轧制，需要配置单体功率700kW以上大功率感应加热炉。感应加热炉采用高效逆变调功技术，以提高加热效率。加热炉出口配置红外高温计，实时监测热处理温度。热处理温度通过HMI画面修改配方和调节按钮。

5. 低温吐丝

热处理后钢筋进入夹送辊、吐丝机，夹送辊、吐丝机和吐丝机出口倒钢装置配合，将低于500℃的钢筋高速弯成圆圈状，并顺序叠放在输送辊道上。输送辊道将吐丝后钢筋圆圈输送到集卷站集卷。吐丝钢筋圆圈的直径大小通过吐丝机的速度调节。吐丝机速度调节通过HMI画面修改吐丝机速度前导系数或操作速度实现。为实现钢筋在输送辊道中间位置进入集卷筒，达到提高集卷质量的效果，在辊道上设有纠偏装置。

6. 集卷、分卷

输送辊道连续将圆圈状钢筋运送到集卷站，钢筋落到集卷筒内并套在鼻锥上，整形布卷装置将钢筋按圆周方向均匀偏心布置，并约束盘螺外壁平整度，以提高盘螺外形质量。集卷过程中，升降托盘上称重传感器实时检测盘卷重量，集卷盘卷重量达到设定值时，升降托盘加速下降拉开盘卷间隙，液压分卷剪动作完成分卷。

3.4　技术先进性及指标

安阳合力自主研发的高速无头轧制、轧制与在线热处理相结合的生产技术，以普碳钢热轧盘条为原料，无须添加任何微合金元素，生产 500MPa 级高强钢筋，实现从冷轧到热轧热处理的技术飞跃，实现了产品的升级换代，为低碳环保型建筑用钢开辟了一条新路。该技术在世界上尚无先例，属中国创造。其工艺技术的创新性主要体现在以下几点。

高速上料技术：该装置开创性地采用叠放式上料新工艺，第一次实现连续轧制速度≥1000 米/分钟高速稳定上料。依靠料线自身所受重力实现自动放线，解决了其他上料方式放线速度慢的问题，是传统冷轧带肋钢筋生产线速度的 4～5 倍。

大轧制力零速带载启动顶交机冷轧轧制技术：首次实现多道次主被动或双主动灵活轧制工艺，第一次将顶交 45 度悬臂轧机应用于冷轧轧制，并实现稀油润滑主轴轴承顶交 45 度冷轧轧机，使轧制整体布局更加紧凑合理，轧制精度更高，换辊操作更快捷。

斩波调功、逆变调功等高效大功率感应加热技术：采用斩波调功、逆变调功等新技术，可在 540℃～630℃热处理温度得到满意的退火热处理效果，从而首次实现在轧制速度≥1000 米/分钟时，将整流技术、斩波、逆变调功技术应用于 700kW 以上高频感应加热炉。

500℃低温吐丝技术：首次实现 550℃以下冷轧低温吐丝技术。利用高线高温、高速吐丝曲线，采用阿基米德螺旋线原理，确定了适用于冷轧盘螺的专用吐丝管，制造出新型的适用于冷轧高速线材的专用吐丝机。

低温集卷整形技术：与热轧集卷相比，冷轧温度低，钢筋变形抗力大，非常不易集卷。

安阳合力高延性冷轧带肋钢筋生产技术生产的带肋钢筋，其力学性能和工艺性能如表1所示。

表1　高延性冷轧带肋钢筋的力学性能和工艺性能

分类	牌号	规定塑性延伸强度 Rp0.2 MPa 不小于	抗拉强度 Rm MPa 不小于	Rm/Rp0.2 不小于	断后伸长率（%）不小于		最大力总延伸率（%）不小于	弯曲试验[a] 180°	反复弯曲次数	应力松弛初始应力应相当于公称抗拉强度的70% 1000h,% 不大于
					A	A100mm				
普通钢筋混凝土用	CRB550	500	550	1.05	11.0	—	2.5	D=3d	—	—
	CRB600H	540	600	1.05	14.0	—	5.0	D=3d	—	—
	CRB680H[b]	600	680	1.05	14.0	—	5.0	D=3d	4	5
预应力混凝土用	CRB650	585	650	1.05	—	4.0	2.5	—	3	8
	CRB800	720	800	1.05	—	4.0	2.5	—	3	8
	CRB800H	720	800	1.05	—	7.0	4.0	—	4	5

注：①D为弯心直径，d为钢筋公称直径。②当该牌号钢筋作为普通钢筋混凝土用钢筋使用时，对反复弯曲和应力松弛不做要求；当该牌号钢筋作为预应力混凝土用钢筋使用时，应进行反复弯曲试验，以此代替180°弯曲试验，并检测松弛率。

4　典型案例

4.1　案例概况

2016年，绿地集团承接了郑州航空港区安置房项目，项目位于郑州市航空港区龙王乡，建筑面积达160万平方米，为新建民用住宅小区。在安置房板类构件建设中，设计并使用了CRB600H高延性冷轧带肋钢筋，CRB600H高延性冷轧带肋钢筋每平方米用量约6.0kg，比HRB400级钢筋每平方米用量减少了 1.5kg；CRB600H 高延性冷轧带肋钢筋总用量为 9600t，比 HRB400 钢筋减少了 2000t，实际节材率高达 20.1%（见图 2）。

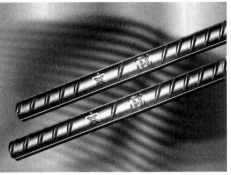

图 2　高延性冷轧带肋钢筋

4.2　实施效果

高延性冷轧带肋钢筋 CRB600H 在本项目中代替 HRB335 钢筋节材率达 29.1%；代替 HRB400 钢筋节材率达 20.1%。案例项目总节能量 113tce。

4.3　案例评价

高延性冷轧带肋钢筋盘螺生产集成技术于 2015 年通过冶金工业规划研究院生产能耗先进性评估，评估结论为：用 CRB600H 高延性冷轧带肋钢筋代替 HRB400，可节约钢材 19.44%。按钢筋等强度代替节材 18% 计算，每年可减少钢材消耗 720 万吨，节约标准煤 432 万吨。高延性冷轧带肋钢筋盘螺生产综合能耗低于热轧 HRB400、HRB500 盘螺，Φ8mm 成品螺纹钢单位产品能耗相差约 10 千克标准煤。如 CRB600H 高延性冷轧带肋钢筋全部代替 HRB400、HRB500 钢筋，则每年可节约 182 万吨标准煤。

安阳复星合力新材料股份有限公司位于河南省安阳市安阳高新技术产业开发区。公司自主研发了高延性冷轧带肋钢筋新技术、新钢种、新装备，实现了冷轧带肋钢筋的升级换代，填补了我国细直径高强钢筋的空白，为采用冷轧热处理方式生产高强钢筋开辟了一条新路。安阳复星合力新材料股份有限公司是目前我国最大的高强高延性钢筋技术研发、生产销售、装备制造专业厂家，其自主研发并集成制造的高延性冷轧带肋钢筋生产装备具有较高的技术壁垒，产品市场前景广阔，资源节约优势显著，符合国家节能减排、绿色制造的产业政策。

安阳合力是国家高新技术企业，拥有 53 项国家专利，其中 23 项发明专利；参与 9 项国家及行业标准的制订修订工作，成为该项技术产业化发展的领跑者。公司荣获河南省名牌产品、省级企业技术中心、省科技创新示范企业、全国建设行业推广证书、河南省新技术新产品推广证书等荣誉。其高延性冷轧带肋钢筋生产装备已被列入国家"火炬计划"项目。

2015 年，住房和城乡建设部组织的科技成果评估委员会作出如下评估："高延性冷轧带肋钢筋盘螺生产集成技术属国内首创，总体达到国际先进水平，其中单线冷轧速度达到国际领先水平"。2017 年 3 月 17 日，国家发展改革委将高延性冷轧带肋钢筋盘螺生产技术列入《国家重点推广的低碳技术目录》；2017 年 6 月，列入世界自然基金会（WWF）"气候创行者"项目。2017 年 11 月 14 日，住房和城乡建设部将该技术列入《建筑业十项新技术（2017 版）》。2017 年 11 月 15 日，安阳合力被河南省科技厅认定为河南省创新龙头企业。

目前，安阳合力与上海复星集团已达成战略合作，先期在安阳建立年产 400 万吨高强钢筋生产示范基地，以促进高延性冷轧带肋钢筋产业做大做强，全力打造千亿级产业链。

CRB600H 高延性冷轧带肋钢筋是安阳合力自主研发的新型建筑产品，其应用范围涵盖房屋建筑、铁路、公路、管廊等领域。产品核心性能指标如抗拉强度标准不小于600MPa、均匀伸长率较传统冷轧钢筋提高一倍，符合国家推广应用500MPa及以上高强钢筋和建筑用钢减量化的产业指导政策。生产能耗先进性经国家权威机构评估认定，较目前普及应用的 HRB400/

HRB400E 钢筋生产耗能降低 12.4kg/t（标准煤），吨钢产能可节约合金 18.3kg，可减少二氧化碳排放 21.3kg，属真正的节能、低碳、环保类产品。

CRB600H 高延性冷轧带肋钢筋实际应用的设计强度较 HRB400 热轧钢筋提高了 $70N/mm^2$，在板类构件中使用，单位理论节材率达 19.44%，在实际工程中节材率更是高达 20%。

新产品一经推出，便受到了建设方、施工方的青睐，掀起了 5mm～12mm 小直径应用的浪潮，这无疑给冷轧带肋钢筋行业带来新的机遇。在这一背景下，产品因其节省材料、降低造价、绿色环保等优越性能吸引了多个地产商和施工单位。通过不断交流与沟通，安阳合力与多家企业签订了战略合作协议。各企业大力支持下属企业在建筑墙板类构件中使用 CRB600H 高延性冷轧带肋钢筋。

安阳合力使用的高延性带肋冷轧钢筋主要采用"冷轧＋热处理"技术工艺，在国内处于领先水平；产品生产过程中不添加合金元素，无污染、零排放、节能环保，在本案例应用中节材率高达 20.1%，既节省资源又减少投资，具有显著的社会效益和经济效益。

浙江银泰百货武林店冷水机组双模运行系统节能改造

1 案例名称

浙江银泰百货武林店冷水机组双模运行系统节能改造

2 技术提供单位

远大能源利用管理有限公司

3 技术简介

3.1 应用领域

随着能源价格特别是燃气价格的逐步上涨，单纯的燃气溴化锂直燃机制冷制热因燃气成本较高而导致空调系统运行费用较高。另外，随着风电、光电等新能源的发展，国内的电力资源逐渐充裕，加上电制冷技术的革新，电制冷的节能优势逐步显现出来。

远大能源利用管理有限公司（以下简称远大能源）将溴化锂直燃机和磁悬浮制冷机组合在一起，形成一种"溴化锂直燃机＋磁悬浮制冷机"组合的双模运行系统，既可利用电能，也可利用天然气、废热等，可实现多能源互补利用，提升系统运行的安全可靠性，相比单纯的溴化锂制冷机组，可提升系统效率，减少能耗；相比纯电空调，可减少装机配电容量，缓解用电压力，且选择灵活。

溴化锂冷（温）水机组能够一机三用，从而减少机组台数，降低初期投资。该系统相比传统的"电空调＋锅炉"模式，节能40%以上，可广泛适用于区域空调、医院、商场、酒店等中央空调系统，具有良好的推广前景。

3.2　技术原理

溴化锂冷（温）水机组采用溴化锂吸收式制冷技术和分隔式制热技术，进行制冷、制热并提供卫生热水；磁悬浮冷水机组采用高效磁悬浮技术，进行制冷。

溴化锂冷（温）水机组和磁悬浮冷水机组并联连接，溴化锂冷（温）水机组或磁悬浮冷水机组的出水口经管道连接用能末端，提供用能末端的冷水或热水，用能末端经输配系统连接溴化锂制冷机组和磁悬浮冷水机组的回水口。溴化锂冷（温）水机组和磁悬浮冷水机组可以分别连接输配系统，也可以共用一个输配系统。

溴化锂冷（温）水机组与磁悬浮冷水机组的组合，打破了常规供热通风与空气调节（HVAC）系统中冷水机组与锅炉组合的形式。溴化锂制冷机组因受其制冷原理限制，制取冷水水温不能过低；但磁悬浮冷水机组可灵活调节其制冷温度，溴化锂冷（温）水机组和磁悬浮冷水机组可根据实际需求进行灵活搭配，以满足不同工艺的冷水需求，如温度湿度独立控制空调末端系统、工艺空调等。

3.3　关键技术

原系统配置溴化锂冷（温）水机组2台，使用能源为天然气。本次改造增加1台磁悬浮冷水机组，使用能源为电力。溴化锂冷（温）水机组与磁悬浮冷水机组的技术组合，既可利用电能，也可利用天然气、废热等。

该技术主要为溴化锂冷（温）水机组与磁悬浮冷水机组双模中央空调系统设计，通过对控制对象、系统结构与控制方法之间动态关系的研究，在控制过程中利用计算机高速的计算、跟踪、判断和推理能力，将整个系统的运行信息进行集成，对系统的运行参数进行优化和动态调节，实现系统的协调运行，根据空调负荷、燃气或电力的价格等对中央空调主机实行自动控制和统一管理，以达到整个系统高效节能运行的目的。

3.4 技术先进性及指标

该技术可克服传统技术的不足，提供一种制冷、供热效率高，既可制冷又同时制热及卫生热水的溴化锂制冷机组与磁悬浮冷水机组双模运行系统。

溴化锂冷（温）水机组与磁悬浮冷水机组的能源利用形式不同，可确保整个空调系统的运行稳定性。当某种单一能源不能保证时，可进行能源之间的互补运转，以提高舒适性及生产能力。

系统在运行时，可针对能源价格浮动，灵活调节系统的运行方式，以达到移峰填谷、降低运行费用等目的。当采用电制冷的制冷单价优于燃气制冷时，可应用磁悬浮冷水机组承担基础负荷，峰值采用燃气；当价格相反时，则反之。

采用溴化锂冷（温）水机组制冷、制热，对平衡城市能源的季节性起到一定的积极作用。一般来说，城市中夏季用电量大，而燃气、燃油用量小，因此，用制冷机组可以减少电耗，增加燃气耗量，有利于解决城市燃气的季节调峰问题。相比单纯的溴化锂冷（温）水机组制冷，可提升系统效率，减少能耗；相比单纯的电空调，可减少装机配电容量，缓解用电压力，且选择灵活。

磁悬浮冷水机组制冷运行，综合 COP 为 9 以上；溴化锂制冷机组单独制冷运行，COP 为 1.31。双模模式运行后，系统综合 COP 达到 1.8。

4 典型案例

4.1 案例概况

浙江银泰百货武林店是一家集百货、休闲、美食于一体的大型综合性百货公司，现为银泰百货总店，商场建筑面积 4.5 万平方米，空调面积 33679

平方米。商场中央空调系统配置了 2 台远大 BZ300VIB 溴化锂冷（温）水机组，为商场提供制冷、采暖，投入运行于 1999 年。

2007 年，银泰百货武林店与远大能源采用"合同能源包干"的合同能源管理模式，由远大能源派驻运营人员对现场中央空调系统进行全面运行管理、末端风机盘管、风柜设备维护、系统节能改造。

4.2　方案实施

银泰百货武林店原能源站机房有 2 台溴化锂冷（温）水机组（型号为BZ300VIB）。本次改造中在能源站机房增加一台磁悬浮冷水机组（型号C360，制冷量 4200kW），与原有的 2 台溴化锂冷（温）水机组并联组合，形成溴化锂冷（温）水机组与磁悬浮冷水机组双模运行模式。磁悬浮冷水机组通过吊装就位，安装在原机组旁边，磁悬浮冷水机组进出口水管道与原机组管道进行并联对接，保持原有的输配系统，只改动水路对接管道，不影响商场空调系统供应。

在制冷情况下，磁悬浮冷水机组与溴化锂冷（温）水机组可以根据能源供应情况和价格情况（如峰谷电价）合理运行，如采用谷电运行磁悬浮冷水机组，不仅节省费用，而且移峰填谷，利于节能减排。

4.3　实施效果

年节省燃气量 36.7 万立方米，综合能耗 4195Mwh，同比下降 31.1%；年能源成本 193.5 万元，比改造前年节省能源成本 91.8 万元。每年节能量1885Mwh，折合 760 吨标准煤，减排二氧化碳 1323 吨。

4.4　案例评价

本案例能源站通过节能改造，其空调系统实现"溴化锂冷（温）水机组 + 磁悬浮冷水机组"双模式运行，可根据能源价格实行日夜能源转换、季节能源转换，针对能源价格浮动调节系统的运行方式，以达到移峰填谷、降低运行费用等目的，并提高机房供能安全性。这样既能满足过渡季节商场用能需求，又能做到低碳环保、节约能源，真正实现互利共赢。

技术企业介绍

远大能源利用管理有限公司成立于 2009 年，是远大科技集团旗下负责整体能源节能优化解决方案的专业公司，提供区域冷热电联产系统的设备、投资、设计、施工及运营服务，运用市场机制实现最大限度的节能。核心业务有合同能源管理、区域能源管理、能效管理系统。

远大能源是中国建筑中央空调合同能源管理和区域能源的开拓者与领军者，拥有雄厚的产品开发、制造技术和多维度行业综合实力：海量的多气候条件、多业态建筑中央空调能耗数据库；经验丰富、高素质、高责任心的运营管理团队；以先进信息技术支撑的建筑用能运营管理制度；世界最先进的非电空调及系统集成关键部件和集成技术，成为有效利用低品位余热，构成高效可靠的冷热电联产分布式能源系统的强大保证。远大能源已建成并运营上百项燃气分布式能源和多能互补型区域能源项目，总运行面积 7000 万平方米。

远大能源是国家高新技术企业，国家首批备案的节能服务公司，首个合同能源管理中国国家标准 GB－T 24915《合同能源管理技术通则》编制单位，首批合同能源管理服务认证 5A 级单位，节能技术服务认证 5A 级和售后服务认证 5 星级单位，首批清洁供热服务认证 5A 级单位，首批综合能源服务认证 5A 级单位，区域能源投资运营企业资信认证 2A 级单位。中国节能协会企业信用评价 3A 级信用企业。

专家说

远大能源利用管理有限公司实施的浙江银泰百货武林店冷水机组双模运行系统节能改造项目，采用了溴化锂冷（温）水机组和磁悬浮冷水机组组合的高效节能双模技术，既可利用电能，也可利用天然气、废热等，实现多能源互补，可广泛用于区域空调及公共建筑中央空调系统，具有良好的节能减排降费效果。

莒南县临港产业园区竹缠绕复合管供水工程

1 案例名称

莒南县临港产业园区竹缠绕复合管供水工程

2 技术提供单位

浙江鑫宙竹基复合材料科技有限公司

3 技术简介

3.1 应用领域

竹缠绕复合材料的特点是原材料可再生、节能减排、固碳储碳、质轻高强、成本低，因此广泛用于制造压力管道、管廊、容器、大型储罐、房屋、运输工具壳体（高铁车厢、飞机机身、船只）、军工装备等产品（见图1）。竹缠绕复合材料的应用，符合国家倡导的建设资源节约型、环境友好型社会及发展循环经济的理念，对于节能减排、生态文明建设以及推动能源消费革命具有重大意义。此外，竹缠绕复合材料建立起了竹产业与制造业的通道，利于传统行业的结构调整和转型升级。

目前与竹缠绕复合材料相关的产品已在多地进行工程应用，尤其适用于管道工程。由于管道所用的管材以焊接钢管、塑料管、预应力混凝土管为主，所以生产环节的耗能突出。因此，管道节能是节能工作的重要组成部分。

复合管　　　　　　　　城市综合管廊　　　　　　整体组合式房屋

高铁车厢　　　　　　　整体式厕所　　　　　　火箭发射筒筒体

图1　竹缠绕复合材料应用

浙江鑫宙竹基复合材料科技有限公司（以下简称鑫宙竹基）研制的竹缠绕复合压力管通过将传统工艺与现代科技相结合，将竹材非金属化、轻质化和廉价性的良好特性应用到管道领域，可替代管径200mm~2800mm、压力等级≤1.6MPa、温度≤100℃的大部分中低压管材，用于水利输送、农田节水灌溉、城市给排水和石油化工建设等方面。

1. 城市综合管廊的铺设

2018年，竹缠绕管廊被住建部中国工程建设标准化协会评为工程建设推荐产品。世界首条竹缠绕城市综合管廊在内蒙古自治区呼和浩特市铺设成功（见图2）。

2019年，鑫宙竹基与大同市南中环项目管廊工程竹缠绕管廊段签订合同。同期该段施工与验收验标会议顺利召开，标志着第一个市政竹缠绕管廊正式落地。

2. 排污管道

临沂市经济开发区厦门路污水管线工程。规模：1.3km，规格：DN500mm、5000N/m^2（见图3）。

福绵区福绵镇污水厂管道工程。规模：17km，规格：DN600 – 0.2MPa – 8000N/m²、DN400 – 0.2MPa – 8000N/m²（见图4）。

图2　世界首条竹缠绕城市综合管廊在呼和浩特市铺设成功

图3　临沂市经济开发区厦门路污水管线工程　　图4　福绵区福绵镇污水厂管道工程

3. 输水管道工程

沂水县跋山水库龙家圈工业用水输水管道工程。规模：1.06km，规格：DN1000 – 0.8MPa – 10000N/m²、DN800 – 0.8MPa – 10000N/m²（见图5）。

莒南县临港产业园区供水工程。规模：3.079km，规格：DN1000 – 0.6MPa – 8000N/m²（见图6）。

国际竹藤组织青岛科技基地（即墨县温泉镇）建设项目。规模：1.92km，规格：DN1600 – 0.2MPa – 5000N/m²（见图7）。

鄂旗蒙泰煤矿供水工程。规模：2.6km，规格：DN200 – 1.0MPa – 10000N/m²（见图8）。

图5 沂水县跋山水库龙家圈工业用水输水管道工程

图6 莒南县临港产业园区供水工程

图7 国际竹藤组织青岛科技基地建设项目

图8 鄂旗蒙泰煤矿供水工程

临沂市罗庄区罗韵榴相府场外排水工程。规模：216m，规格：DN800 – 0.2MPa – 5000N/m² （见图9）。

临沂经济技术开发区市政工程月亮湾路（金升路—柳工路）排水工程。规模：4600m，规格：DN300/400/500/600/800 – 0.2MPa – 10000N/m²（见图10）。

4. 地下管网

徐州市贾汪区地下管网改造工程。规模：13.6km，规格：DN400、DN500、DN600、DN800、DN10000mm（见图11）。

5. 养殖管道工程

南阳淅川饶西村稻虾养殖管道工程。规模：1280m，规格：DN300 – 0.2MPa – 10000N/m²、DN400（见图12）。

图9 临沂市罗庄区罗韵榴相府　　　　图10 临沂经济技术开发区市政工程
　　　场外排水工程　　　　　　　　　　　月亮湾路排水工程

图11 徐州市贾汪区地下管网改造工程　　图12 南阳淅川饶西村稻虾养殖管道工程

3.2 技术原理

竹缠绕技术是以竹材为基材，以树脂为胶黏剂，采用无应力缺陷的缠绕工艺加工成型的技术（见图13）。通过竹缠绕技术加工成型的生物基复合材料被称为竹缠绕复合材料。这种材料充分发挥竹子轴向拉伸强度高、宜拉宜压的特性，采用铺层设计和环向缠绕工艺，制造出具有较强抗压能力的新型生物基压力管道。

该技术将竹纤维的轴向拉伸强度使用至最大化，并在管道结构中形成无应力缺陷分布，从而使管材达到承压要求。竹缠绕复合压力管充分利用竹子的特性，生产不同直径的中低压力管道，替代市场上大部分的螺旋焊管等传

竹篾　　　　　　　　　　树脂　　　　　　　　缠绕成型

图13　竹缠绕技术

统管材。其生产过程能耗明显低于螺旋焊管、预应力钢筒混凝土管等传统管道，节能减排效果显著。此外，通过对可再生的竹林进行定期择伐生产竹缠绕复合压力管，还能够有效发挥竹子生长及使用过程中优异的固碳效益，减少温室气体排放。

竹缠绕复合压力管的生产工艺主要包括竹篾加工、内衬层制作、结构层缠绕、加热固化、外防护层制作等。其生产工艺流程见图14所示。

该技术的创新点有以下两个。

（1）以我国多地可广泛培育的竹子替代铁矿石、石油、石灰石等不可再生资源，以生态资源替代对矿石资源的需求，可降低全社会的能源消耗，减少对矿产资源的索取，减少对生态的破坏。对实现能源总量控制、做到环境友好，对打赢蓝天保卫战起到积极作用。竹缠绕复合压力管在整个生产过程中不涉及高能耗工艺，能耗低、排放少，对环境的影响小。

（2）施工方便。相对于其他管道，竹缠绕复合压力管具有重量轻、保温性能好、抗形变能力强等特点，运输方便，安装工序简单，安装效率高，安装能耗和安装费用都较低。

3.3　关键技术

（1）竹材加工处理技术。包括竹子的剖、织等自动化加工设备，干燥、保鲜、防虫防蛀等环保处理技术，使竹材达到管道压力等级设计要求，并满足竹缠绕管道大规模产业化生产需要。

（2）管道缠绕工艺技术。建立强度设计模型和结构设计模型，在结构增强层中合理设计径向和横向竹材铺层，提高管道抗内外压和抗弯的能力。

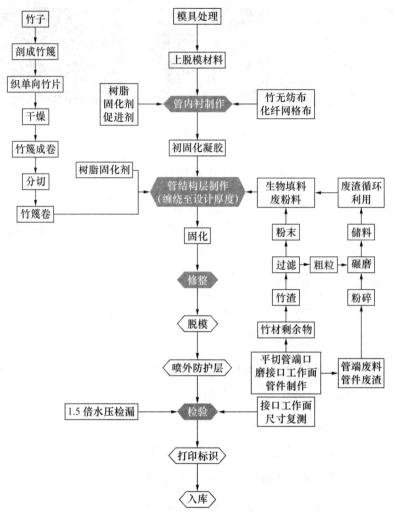

图14　浙江鑫宙生产工艺流程图

　　竹缠绕复合材料具有较高的力学性能。其竹材强度来自内部密集的竹维管束（见图15）。竹缠绕复合管主要由三部分组成（见图16），分别是内衬层（防腐性能优异，主要由符合食品安全的树脂、竹纤维无纺布、针织毡组成）、增强层（主要由竹篾帘、氨基树脂组成）和外防护层（主要由防水防腐抗老化的树脂、防辐射填料组成）。

　　竹缠绕复合管纵向管身结构如图17所示，主要有插口、管身、承口三部分。

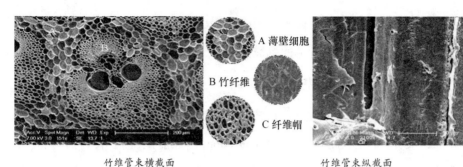

竹维管束横截面　　　　　　　　竹维管束纵截面

图 15　竹维管束

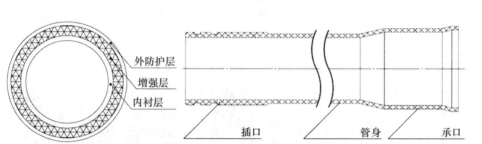

图 16　竹缠绕复合管结构示意　　　　图 17　竹缠绕复合管管身结构

表 1 中列示了竹缠绕复合管的基本技术指标。

表 1   竹缠绕复合管技术指标

规格	DN150～DN3000	初始环刚度	≥5000N/m²
密度	0.95g/cm³～1.15g/cm³	轴向拉伸强度	10MPa～24MPa
使用压力	≤1.6MPa	弯曲弹性模量	2.6GPa
使用温度	−40℃～80℃	短时失效水压	≥管道压力等级的3倍
使用寿命	≥50 年	粗糙系数	0.0084～0.01
燃烧等级	B1	表面吸水率	≤3%
介质温度	≤90℃	线膨胀系数	≤2×10⁻⁵℃
导热系数	0.2W/m·k	内衬层不可溶分含量	≥92%

（3）界面复合技术。在由不同类型的树脂制作的内衬层和结构增强层之间采用特定的胶黏剂，具有高紧密性，可提高管道由内至外的应力传递效果。

（4）管道生产专用成套设备设计及制造技术。采用管模行走、喂料小车固定的方式，对竹材缠绕角度和铺层行走速度进行程序自动化控制。缠绕中，施压使竹材紧密排列，使胶黏剂浸透竹材细胞膜后形成铆钉结构，可保障管材结构密实性，提高管道的机械性能。

3.4 技术先进性及指标

1. 耐腐蚀性、防蛀性、耐老化性好，使用寿命长

加拿大林产品创新研究院（FPInnovations）性能试验表明：竹缠绕管廊耐腐蚀性能保留等级 10，基本无腐蚀，而竹片的仅为 2.1（见图 18）；竹缠绕管廊耐虫蛀等级 6.6~7.8，具有较强的抗白蚁侵蚀能力（见图 19）；竹复合管在自然条件下使用 56 年后，强度保留率为 74%（见图 20），竹缠绕管廊 96 年强度保留率为 52%，144 年强度保留率 48%。

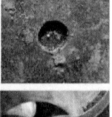

图 18 加拿大林产品创新研究院耐腐蚀性能试验

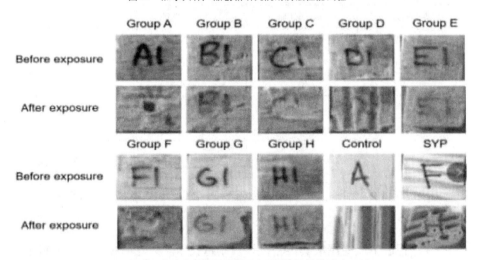

图 19 加拿大林产品创新研究院耐虫蛀性能试验

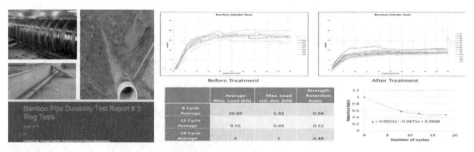

图20   加拿大国家林产品创新研究院的加速老化试验

国家化学建筑材料检测中心开展长期静水压试验，检测报告中注明竹缠绕复合管在正常使用条件下，使用寿命≥50年。

2. 摩擦阻力小、输水能力高

竹复合管内表面光滑，糙率系数为0.0084~0.01，远小于混凝土管、钢管、球墨铸铁管的表面粗糙度，可减少压头损失。表2列出了不同管材的粗糙度水平。

表2   不同管材的粗糙度水平

	竹复合管	预应力钢筒混凝土管	钢管	球墨铸铁管
糙率系数	0.0084	0.013	0.011	0.011

由于竹复合管内壁光滑，流速系数较大，在同样的管道内径下，水流量比较大，或者在同样的水流量的要求下，可以采用较小的管径，具体由管道的水流量决定。

3. 承压能力强

竹复合管环刚度≥5000N/m²，可根据工况灵活设计。

通过测试发现，当管道形变超过30%时，管材未发生屈服性破坏，且抗压强度继续上升（见图21、表3）。

4. 保温性能突出

经过检测，竹复合管导热系数≤0.2W/m·k，保温效果优越。

5. 具有一定的阻燃性、防水性

国家消防及阻燃产品质量监督检验中心（山东）燃烧性能试验表明，竹缠绕管廊耐火极限不小于3小时（见图22）。

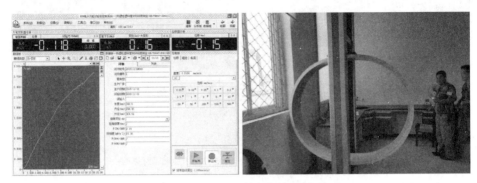

图 21   大变形时的管道抗压强度测试

表 3   管道内部温度监测结果

Data	Outside temp（℃）	BWP intemal temp（℃）
2014 年 1 月 16 日	− 28.0	− 0.30
2014 年 1 月 27 日	− 9.6	− 0.20
2014 年 2 月 19 日	− 23.0	− 0.16
2014 年 3 月 9 日	− 8.0	− 0.33
2014 年 3 月 18 日	2.0	− 0.13
2014 年 3 月 24 日	7.0	− 0.11

资料来源：黑龙江水科院测试研究结果。

图 22   竹缠绕管廊耐火性能试验

黑龙江省水利水电研究院表面吸水性能试验表明，竹缠绕管廊的吸水率均值为2.68%，满足防水材料性能要求。

6. 质量轻、运输安装方便

DN1000 - 10000N/m² - 0.2MPa的竹复合管，整管重量仅为1.45吨，且单根12米长，可缩减接口数量，降低渗漏风险。

7. 节能低碳

单位管道生产全过程能耗如图23所示。

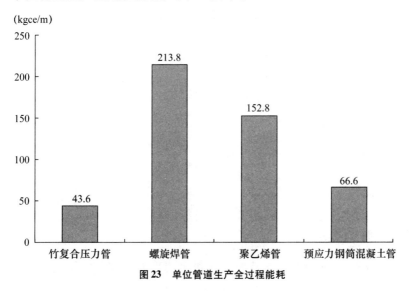

图23　单位管道生产全过程能耗

8. 综合造价低

竹缠绕复合管成本约是球墨铸铁管的80%~90%，是塑料类管的60%~70%。表4是不同管材的综合性能比较。

表4　　　　　　　　　　不同管材的综合性能比较

	螺旋焊管	球墨铸管	钢衬水泥管	PE/PVC 管	夹砂玻璃管	竹缠绕复合管
比重（g/cm³）	7.85	7.2	3	0.95~1.4	1.65~2.0	0.95~1.15
长度（m）	9	8	5	12	12	12
管刚度	高	高	高	低	低	较高
抗内压	高	高	较低	低	高	较高
抗震能力	较高	一般	低	较低	较低	高

	螺旋焊管	球墨铸管	钢衬水泥管	PE/PVC 管	夹砂玻璃管	竹缠绕复合管
粗糙度系数	0.009	0.011	0.013	0.009	0.0084	0.0084~0.01
耐腐蚀性	差	一般	差	优异	优异	优异
保温性（W/m·K）	11	50	1.5	0.17	0.4	0.2
结垢性	易结垢	易结垢	易结垢	不易结垢	不易结垢	不易结垢
对水质影响	有	较小	有	没有	长期使用时有	没有
运输费用	高	高	高	较低	较低	较低
安装劳动强度	高	高	高	低	较低	低
管道接头数量	多	多	多	多	少	少
防渗性	一般	一般	差	好	好	好
耐磨性	一般	一般	差	好	好	好
运行维护	需阴极保护	需阴极保护	无	无	无	无
使用寿命	35 年	40 年	40 年	30 年	50 年	50 年以上
综合造价	一般	较高	一般	高	较低	较低

4 典型案例

4.1 案例概况

莒南县临港产业园区竹缠绕复合管供水工程为该技术应用成效突出的典型案例。

该工程为新建项目，采用开挖沟渠埋设管道，供水管道工程从鲁南（日照）供水管道岔管分水口引至鑫海科技新材料有限公司，工程建设包括管道安装、金属结构安装、附属建筑物等。供水管道长 2.555km，最大供水量为 9.5 万 m³/d。管道为单管铺设，工作压力为 0.4MPa，设计压力为 0.6MPa，管材采用竹缠绕复合压力管，管内径为 DN1000mm。连接方式为双"O"形密封圈承插连接。工程量为土方 10722.5m³，石方 15233.9m³，砂垫层 2159m³。该工程一次性试压合格，使用单位对竹缠绕压力管线充分认可。这也再次证明竹缠绕复合管在供水领域的成功应用。

4.2 方案实施

按设计要求做管，管道安装、金属结构安装、附属建筑物等，试压合格验收。

4.3 实施效果

竹缠绕复合管成功应用在莒南县东部供水一期工程临港产业园区供水工程，说明竹缠绕复合管在供水管道上的应用是可行的。该工程应用 DN1000mm 竹缠绕复合管作为供水管道，长度为 2.555km。该管道具有良好的节能、减碳效果。通过同压力等级、同管径的竹缠绕复合压力管与原来的螺旋焊管的生产能耗对比分析可以看出，单位长度的竹缠绕复合压力管要比螺旋焊管节能 165.4kgce。因此，该项目可实现节能约 422 吨标准煤，减排二氧化碳近 945 吨。在社会经济效益方面，该工程应用竹缠绕复合管，可在竹子种植环节带动 50 户竹农，户均收入 4000 元；在竹篾加工环节，可解决 15 名农村劳动力就业，实现人均年收入 3 万元左右；在管道加工环节，可提供 2 名城镇人口岗位，人均年收入 6 万元。

据中能世通（北京）投资咨询服务中心出具的《竹复合压力管能耗及应用效果分析》可知：1000 万吨竹缠绕复合管替代螺旋焊管，节能 2233 万吨标准煤，减排二氧化碳近 5000 万吨。

4.4 案例评价

山东省莒南县临港产业园区供水工程项目采用 DN1000mm 竹缠绕复合管，经验收该工程项目达到预期目标，应用效果良好。该工程使用 DN1000mm、长度 2.555km 的竹缠绕复合管替代螺旋焊管，节能 422 吨标准煤，减排二氧化碳近 945 吨，节能减碳效果显著。

浙江鑫宙竹基复合材料科技有限公司是专业从事竹缠绕复合材料的研发和成果转化的研发型高科技企业。公司成立于 2014 年，位于浙江省湖州市

德清县，注册资本 3462 万元。公司利用竹缠绕复合材料轴向拉伸强度高、柔韧性好、绿色低碳、环境友好、资源节约等特点，成功研发了压力管道、管廊、容器、交通工具壳体等产品，产业链贯穿国民经济的一、二、三产业，应用广泛。

作为国家战略性新兴产业，在国家发展改革委、水利部、住建部等有关部门的支持与指导下，以鑫宙竹基为依托组建了国际竹缠绕产业创新联盟。为了加快竹缠绕复合材料技术的发展，原国家林业局①于 2016 年成立了国家林业局竹缠绕产业发展领导小组，同时成立以鑫宙竹基为依托单位的国家林业局竹缠绕复合材料工程技术研究中心。研究中心定址浙江省杭州市萧山区风情大道木尖山南麓，建设规模 120000 平方米，总投资 6.5 亿元。

竹缠绕技术的推广应用，将通过对传统材料的替代，生产绿色低碳产品，符合国家节能减排、绿色制造的产业政策，契合精准扶贫的思想理念，将在我国乡村振兴战略、"一带一路"建设和南南合作中发挥重要的作用。

竹缠绕复合管是由鑫宙竹基和国际竹藤中心研发团队经过 10 余年不懈努力研制而成的。

竹缠绕复合管是世界上第一种可工业化的生物基管道。竹缠绕复合材料已获得国内外专利 236 件，其中发明专利 51 件。鑫宙竹基主持编制的竹缠绕复合管国家标准（GB/T 37805—2019）、林业行业标准（LY/T 2905—2017）、中国工程建设标准化协会标准（T/CECS 470—2017）均已颁布实施。

作为新型环保低碳材料，竹缠绕复合材料的研发与推广得到了国家部委的高度重视和大力支持；同时还得到科技、能源、环保等行业的关注与参与。竹缠绕复合管已通过国家林业和草原局和住建部的科技成果鉴定，被评

---

① 现为自然资源部管理的国家林业和草原局。

价为"达到国际领先水平";被国家发展改革委列入《国家重点推广的低碳技术目录》（第二批）；被科技部、生态环境部、工信部列入"节能减排与低碳技术成果转化清单"；被水利部、住建部、国家林业和草原局列为重点推广的科技项目；被世界自然基金会（WWF）评为"2015—2016 年度WWF 气候创行者"；被国家知识产权局授予"中国专利优秀奖"；被科技部列入首批启动的国家"十三五"重点研发计划项目；被工信部列入《国家工业资源综合利用先进适用技术装备目录》；被国家发展改革委、国家林业和草原局等 11 部门列入《林业产业发展"十三五"规划》重点战略项目。

从 2015 年至今，年产万吨竹缠绕复合管的生产基地已在湖北襄阳、山东临沂、内蒙古乌海、广西玉林、福建龙岩、河南南阳建成投产。竹缠绕复合管已成功铺设在黑龙江、浙江、内蒙古、湖北、山东、江苏、广西、河南、福建、湖南等省份的给排水管道工程中，铺设长度已达 110 公里。

2020 年 3 月 1 日竹缠绕复合管国家标准的实施，标志着竹缠绕复合材料产业已从研发、示范应用阶段转入全面产业化阶段。竹缠绕复合管的推广应用将进一步推动我国生态文明建设，促进资源节约型、环境友好型的经济发展模式，在解决"三农"问题、助力精准扶贫、实施乡村振兴、推动资源替代、应对气候变化以及"一带一路"建设和南南合作等方面发挥重要作用。总之，竹缠绕复合管的推广应用，将为人类的可持续发展、为地球的绿水青山作出巨大贡献。

莒南县临港产业园区竹缠绕复合管供水工程应用案例，采用长度 2.555 千米、DN1000 竹缠绕复合管替代螺旋焊管，可实现年节省标准煤 422 吨，减排二氧化碳 945 吨。工程项目于 2017 年 7 月投入使用，节能环保效益显著，管道输水运行良好，获得客户高度认可，市场推广潜力巨大。

华为廊坊云数据中心三期 iCooling@AI 能效优化应用

1 案例名称

华为廊坊云数据中心三期 iCooling@ AI 能效优化应用

2 技术提供单位

华为技术有限公司

3 技术简介

3.1 应用领域

随着数据中心产业飞速发展，高能耗成为数据中心建设和运维的重要痛点。国家相关政策和标准法规高度重视数据中心的高能耗问题，对数据中心能耗效率（PUE）值提出了明确要求。

为了消除客户这一痛点，华为公司率先采用 AI（人工智能）技术，推出了面向数据中心的 AI 节能服务产品 iCooling。其通过深度学习，自动推理最优的控制因子组合，精准调节冷冻水系统运行状态，实现数据中心能效最优。经实际项目验证，在冷冻水制冷场景下，可有效降低 PUE 6% ~ 12%，是业界优秀的数据中心节能方案。

未来 5 年，国内的大型数据中心建设即将进入新一轮的高潮。华为数据中心智能管理系统适应性广、可靠性高，适用于电信、金融、能源、媒资、交通、教育、医疗、制造等行业的数据中心领域，尤其适用于大型、超大型数据中心等场景采用冷冻水制冷的系统。

3.2 技术原理

华为 iCooling 基于人工智能的数据中心能效优化技术（见图 1），通过对大量数据的业务分析、清洗和治理，利用深度神经网络算法，训练影响能耗的关键特征因子，形成一套可对能耗进行预测、调优的 PUE 模型。然后将上述模型应用到数据中心，在给定的气候条件、业务 SLA（服务等级协议）等条件下，通过深度学习，自动推理最优的控制因子组合，精准调节冷冻水系统运行状态，实现数据中心能效最优。

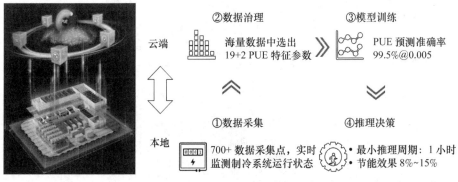

图 1　基于人工智能的技术原理

3.3 关键技术

1. 自动化数据治理工具

实际环境中，很多负面的因素如数据丢失、数据噪声、数据冗余、数据维度灾难等严重影响了机器学习的表现。利用自动化数据治理工具，对采集的数据进行识别、降维、降噪、清洗等处理，可生成高质量的训练数。

2. 基于 AI 的数据中心制冷系统模型

数据和特征决定了 AI 算法的上限。利用特征构建，对同类设备的特征进行横向/纵向处理，生成冷站特征、末端特征及冷站末端交叉特征。

通过相关性分析特征工程以及业务领域知识，反复分析计算获得关系因子，找出与 PUE 强相关的关键特征参数，实现特征降维。

利用精准的特征选取来降低对模型复杂度的要求，减小超参寻优难度，提升模型的效果、执行效率及可解释性。

为提升特征工程的不同数据中心的泛化能力，将特征工程与算法分离，沉淀不同制冷模式、不同管路类型的特征工程。

3. DNN 深度神经网络的动态模型训练

利用治理后的高质量数据，开展基于 DNN 深度神经网络的动态模型训练，形成数据中心的 PUE 模型（见图 2）。

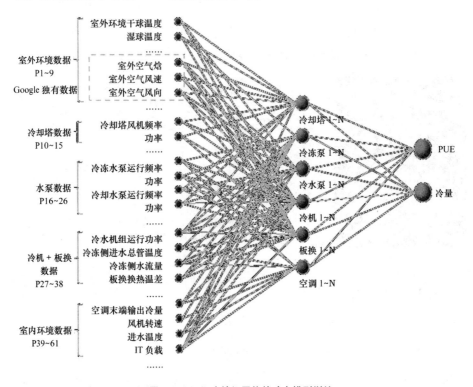

图 2　DNN 深度神经网络的动态模型训练

4. 基于遗传算法的实时推理方法

将预测以及决策模型发布到集控系统中，以在线方式给出可以调优的决策模型。

3.4　技术先进性及指标

内置 AI 引擎、云端协同，实现数据中心智能管理。

云侧：AI 推理 + 训练；本地：数据采集 + 控制。

1. 能耗数据动态可视，所见即所得

（1）配电全链路监控，能耗全程可视。

（2）数据中心能量流图，可了解与分析用电趋势。

2. 电能质量动态分析，预警防范、保障安全用电

（1）电能质量异常分析。

（2）负载上线前进行三相平衡分析，消除无用功率。

3. 设备、系统效率动态感知、系统运行调优。

（1）能耗变量分析，识别设备能耗异常点。

（2）节能效果测量与验证，动态设定能耗基线。

4. 能源深度洞察、支持运营决策

关键能效指标的评估。

4 典型案例

4.1 案例概况

华为华北区云数据中心位于华为廊坊基地 L2 厂房，整合了数据计算、存储和网络资源，为客户提供按需使用、按需付费模式的一站式自助 IT 计算资源租用服务。规划 4000 个机柜，单机柜平均功率 8kW，负载率为 70%，2N 供电系统，N + 1 冷冻水系统。

4.2 方案实施

华为廊坊云数据中心的 PUE 值居高不下，每年的电费是一笔不小的开支。因此华为技术有限公司勘查数据中心实际耗能分布情况后，发现冷水系统耗能比较高，但没有办法在保障业务正常运行的前提下降低冷水系统能耗。通过探索，基于 AI 技术的 iCooling 能耗调优技术应需而生。

4.3 实施效果

部署了数据中心智能管理技术（含 iCooling 节能）之后，数据中心 PUE

值从 1.42 降至 1.25，大幅节约了电力消耗。

4.4 案例评价

华为技术有限公司率先采用 AI 技术，推出了面向数据中心的 AI 节能调优服务 iCooling。经过实际验证，在冷冻水制冷场景下，可有效降低 PUE 8%～12%，是业界优秀的数据中心节能方案。2019 年，华为廊坊云数据中心的 iCooling@ AI 能效优化解决方案，成功获得"2019 年度数据中心高效冷却典型工程"称号。

华为技术有限公司是全球领先的 ICT（信息与通信）基础设施和智能终端提供商，致力于把数字世界带入每个人、每个家庭、每个组织，构建万物互联的智能世界。在通信网络、IT、智能终端和云服务等领域，其为客户提供有竞争力、安全可信赖的产品、解决方案与服务，与生态伙伴开放合作，持续为客户创造价值，释放个人潜能，丰富家庭生活，激发组织创新。华为技术有限公司坚持围绕客户需求持续创新，加大基础研究投入，厚积薄发，推动世界进步。

华为数字能源产品发挥数字技术与电力电子技术两大领域的优势，将瓦特技术、热技术、储能技术、云与 AI 技术等创新融合，聚焦清洁发电、能源数字化、交通电动化、绿色 ICT 基础设施、综合智慧能源等领域，包括数据中心能源、智能光伏、站点能源、智能电动、嵌入式电源、综合智慧能源等，打造绿色、高效、智能的数字能源解决方案，实现能源网络"高效益、可运营、易维护、可演进"，帮助客户创造最大价值。

华为技术有限公司实施的华为廊坊云数据中心三期能效优化项目，采用 iCooling@ AI 能效优化技术替代传统的人工调节，通过海量数据分析，训练数据中心 PUE 模型，推理出最佳参数组合，并持续自我优化，实时更新制冷策略，实现系统级调优，降低数据中心能耗。该模型精度高达 99.5% ，节约电力约 8% ~ 15% 。

广州地铁新塘站制冷机房系统节能技术应用

1 案例名称

广州地铁新塘站制冷机房系统节能技术应用

2 技术提供单位

南京福加自动化科技有限公司

3 技术简介

3.1 应用领域

南京福加自动化科技有限公司（以下简称南京福加）研发的"FEC中央空调深度节能控制系统"，适用于中央空调制冷机房，通过提升制冷机房的性能系数，达到节能目的，可应用于轨道交通、电子、医药、建筑楼宇、装备制造等领域。

南京福加针对目前我国中央空调系统普遍存在的长期在部分负荷下运行、综合性能较低、能耗较高等问题，开发了具有自主知识产权的FEC中央空调深度节能控制系统，提高了中央空调系统性能。

该技术产品系统结构包括：中央智能控制中心，含中央控制器、就地工作站计算机系统、云端监控系统；水系统智能控制模块，含冷冻水泵控制单元、冷却水泵控制单元、冷却塔控制单元、电动阀门控制单元、智能控制器；风系统智能控制模块，含小新风机控制单元、送风机控制单元、回排风机控制单元、电动阀门控制单元、智能控制器。

该系统采用分布式 I/O 和以太网组网架构，如图 1 所示。

该系统工作与控制流程是：综合监控平台发送允许开机指令，系统收到允许开机信号后根据室外温湿度和车站内温湿度，结合历史数据自动判断当前的冷量需求量，并将该冷量需求直接控制冷水机组的负荷调节，通过智能运算使冷却水泵、冷冻水泵、冷却塔、冷水机组综合系统运行在高能效区间。

3.2 技术原理

1. 冷水机组节能控制方案

针对中央空调长期在部分负荷下运行的特点，FEC 中央空调深度节能控制系统通过控制冷水机组输出冷量及开启数量的方式提高冷水机组负荷率，通过主动寻优控制策略优化控制冷却水泵和冷却塔风机。该系统根据末端负荷变动情况调整冷水机组的负荷率，以冷水机组出厂能效比（COP）特性曲线为基础，实时调整冷水机组的控制策略，在运行过程中避开冷水机组 COP 低效区间。该系统管理平台能够实时记录每台冷水机组 COP、冷冻水工况、冷却水工况，并形成三维模型，根据长期数据积累主动优化节能控制系统的控制算法，调整冷冻水和冷却水侧工况，确保冷水机组 COP 在高能效区间。

冷水机组开机条件：由于末端系统共用一个制冷机房，故冷水机组在任一末端系统需要用冷的时候均需要开启。考虑到冷水机组的调节区间，根据末端二通阀开度及室外焓值大小计算当前需求冷负荷。当需求冷负荷满足单台冷水机组在最低负荷以上运行时，制冷机房就可以开机运行。不同负荷率下冷水机组开机策略及其单机组负荷率控制策略如表 1 所示。

机组出水温度低温保护：当机组冷冻水出水温度低于冷冻水出水温度低温保护设定值（默认 5℃）时，延时 15 秒触发机组出水温度低温保护功能。一旦机组低温保护功能被触发，相应的机组就会立即停机。

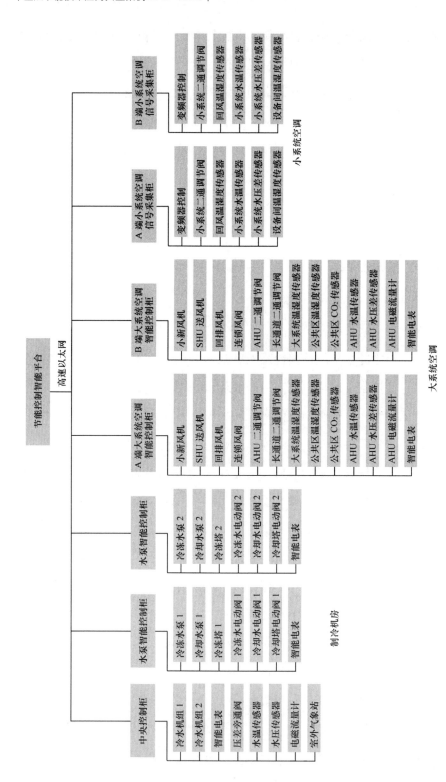

图 1 FEC 中央空调深度节能控制系统分布式 I/O 和以太网组网架构

冷水机组加减载间隔控制逻辑：冷水机组一旦开启或开启的数量发生变化，设定时间内（默认20分钟）不能再次调整机组的运行数量。避免系统负荷在50%左右时频繁开关机组，影响机组寿命和系统稳定性；系统负荷在50%以下时，根据系统能效智能判断是否需要开启两台机组。

表1　　　　　不同负荷率下理想冷水机组开机策略及其单机组负荷率控制策略

系统负荷率	开机情况		备注
	1#冷水机组	2#冷水机组	
50%～100%	√	√	
12.5%～50%	√	×	按最短开机时间投运

2. 冷冻水泵节能控制方案

通过安装在冷冻水总出水管道的温度传感器和压力传感器，采集冷冻水供回水温度和温差，调节冷冻水泵频率，使冷冻水供回水温差保持在设定的位置，温差大时，则降低冷冻水泵频率，温差减小则升高冷冻水泵频率。系统实时监测各末端供回水压差，如果末端最小供回水压差不足，则优先升高冷冻水泵频率。通过这种组合方式控制，可以使冷冻水系统长期保持在大温差、小流量工作状态，从而达到"按需供应"要求，最终降低系统运行能耗。末端冷量由冷冻水流量调配，冷水机组的冷量由流经蒸发器的水流量和相对固定的温差决定。

冷冻水泵启停控制：接收到机组预开机信号后，相应的冷冻水泵和冷冻水蝶阀同步开启。接收到机组预关机信号后，冷冻水泵延时关闭，延时时间默认为15分钟。以某系统配置3台冷冻水泵（二用一备）为例，开启一台冷水机组时开启一台冷冻水泵，开启两台冷水机组时开启两台冷冻水泵，双泵运行时水泵频率一致。

冷冻水泵频率调节：各末端最小压差大于末端最小压差允许值时，根据冷水机组冷冻水进出水温差调节冷冻水泵频率。冷冻水供回水压差低于末端最小压差允许值时，节能控制系统会根据需求提高冷冻水泵频率，直到各末端最小压差大于末端最小压差允许值后转入温差控制频率。

火灾报警时冷冻水泵快停逻辑：系统接收到消防停机信号后，需要在200秒（可设定）内关闭所有设备。首先关闭冷水机组和末端所有风机，再延时关闭冷却水泵、冷却塔风机、冷冻水泵。

3. 压差旁通阀控制逻辑

系统采集总管冷冻水供回水压差，需根据冷冻水压差调节冷冻水泵频率和压差旁通阀开度，内部设定优先级别。当冷冻水压差低于设定值时优先关闭压差旁通阀，然后提高冷冻水泵频率。当冷冻水压差高于设定值时优先降低冷冻水泵频率，然后开大压差旁通阀。冷冻水流量低于单台机组额定最小流量时自动开启压差旁通阀，保证机组最小运行流量。

4. 冷却水泵节能控制方案

在冷水机组高负荷和满负荷状态运行时，冷却水泵采用多泵变频定流量控制策略，保证主机额定冷却水流量，尽量降低冷水机组冷却水出水温度，从而降低机组冷凝压力，提高冷水机组的能效比。

当冷水机组在低负荷区间运行时，冷却水泵采用多泵变频变流量控制策略，优先采用定温差控制，冷却水变流量可以产生可观的节能效果。根据冷水机组能效比特性曲线，判断冷水机组负荷率低限。再根据这个限值，确定是否采用多泵变频变流量控制策略。

另外，室外湿球温度随着时间在变化，充分利用早晚和夜间湿球温度相对较低的特点，采用不同的冷却水供水温度，有效降低冷却水泵能耗。系统自动核算冷却水泵在同等流量下的不同组合差异，在确保冷却水流量足够的基础上优先选择总功率较小的方式运行。

5. 冷却塔节能控制方案

以某制冷机房配置2台冷却塔为例，每台冷却塔进水管及出水管上均安装电动蝶阀，冷却塔出水管及汇总管上均安装水温传感器，冷却塔进水管上安装电磁流量计。每台冷水机组的冷却水出水管路上安装电磁流量计。系统配有室外气象监测站。

（1）冷却塔进出水蝶阀控制策略。通过测试发现，该冷却塔的散热高效区在冷却塔额定流量的 30% ~ 100%，FEC 中央空调深度节能控制系统根据冷却塔的特点，采用尽可能少的冷却塔风机功率将冷却水温度降到目标值，满足冷却塔最低布水量。

（2）冷却塔风机数量控制策略。系统自动累计冷却塔风机的运行时间，需要开启冷却塔时优先开启运行时间短的冷却塔，需要关闭冷却塔时优先关闭运行时间长的冷却塔。在一台冷却塔运行过程中出现故障报警并停止时，系统会自动开启下一台冷却塔。FEC 中央空调深度节能控制系统根据制冷机房的实时冷量自动判断需要开启的冷却塔风机数量。只有开启冷却水蝶阀的冷却塔风机参与变风量调节，其余风机才会保持关机状态。

（3）冷却塔风机频率控制策略。系统根据室外气象站采集室外湿球温度，以室外湿球温度加逼近度作为冷却塔出水总管水温设定值，以冷却塔出水温度作为反馈值，控制冷却塔的开启数量和风机频率。

理论情况下，冷却塔可以将冷却塔出水温度控制在接近环境湿球温度。但由于成本、占地面积等多种因素影响，冷却塔在实际应用过程中是无法达到环境湿球温度的，所以冷却塔出水温度设定值 = 环境湿球温度 + 冷却塔逼近度，逼近度根据不同产品参数和运行工况进行设定。但系统会通过主动寻优算法，自动调整冷却塔的逼近度设定点，达到冷却塔最佳的降温效果。

节能控制系统根据室外气象站参数自动调整冷却塔的散热效果，确保冷却水回水温度接近室外湿球温度。冷却塔风机的变频控制策略通过主动寻优算法，自动调整冷却塔频率，使冷却水回水温度接近室外湿球温度。节能控制系统对冷却塔的控制策略以提高整个制冷机房能效比为目标，自动选择最优运行模式。

3.3 关键技术

FEC 中央空调深度节能控制系统采用主动寻优控制技术，通过数据库搭建、设备状态采集、数据库检索，实现系统以最优状态运行（见图 2）。主动寻优采用模糊控制技术，具有内置数据库及自学习功能。该技术及控制系统获得多项自主知识产权。

图2 FEC 中央空调深度节能控制系统关键技术

制冷机房节能控制系统作为轨道交通车站中央空调系统的控制和运行策略中心，对于整个系统的节能效果具有举足轻重的作用。该案例技术主要创新点如下。

该系统采用基于云平台的主动寻优控制技术，利用数字孪生和大数据分析，持续优化系统模型，通过云端自学习算法，动态调整各运行设备的参数和状态，实现全工况系统能效的提升。该系统架构如图3所示。

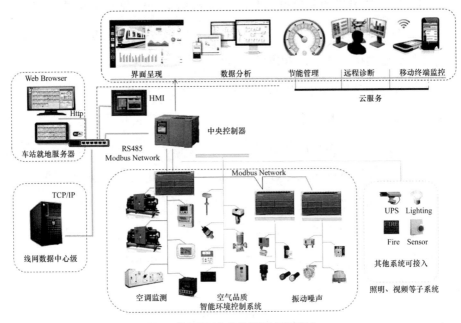

图3 基于云平台的节能控制系统架构

FEC 节能控制系统节能算法包含中央空调能耗计算和系统能耗数据分析两部分。中央空调能耗计算采用模块化设计，根据实际设备搭建中央空调制冷系统仿真模型，结合设备运行参数，在 Python 环境下调用 Air Condition Library 运行库对系统进行仿真建模，建立系统的数字孪生系统。模型通过 Web 接口实时采样机组运行状态下的变量参数，包括环境干湿球温度、冷冻侧和冷却侧的供回水温度以及水流量、系统能耗等；根据系统运行调节规律，通过改变设备运行状态的组合方式，利用云端算力对当前工况下的冷水机组进行有限步长仿真计算。系统的仿真数据通过基于 Jupyter Notebook 开发的系统能耗数据分析工具进行分析，求得不同负荷率下系统最优运行状态参数（见图4）。

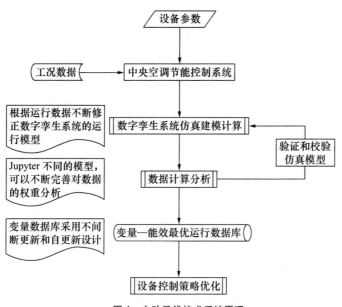

图4 主动寻优技术系统原理

系统采用了基于负荷预测的压缩机容量和台数直接控制技术，传统制冷机房节能控制技术根据供回水总管温度被动调节机组台数的开启和关闭，不参与冷水机组本身压缩机的启停尤其是压缩机容量控制。而在该系统中，通过分析室外气象参数、室内工况参数、空调机组的运行工况，结合系统历史运行数据和负荷变化趋势，计算出系统当前的冷量需求和该冷量需求下的制冷压缩机最高效的组合方式与开启容量。选择能效比最高的压缩机开启方案，并通过算法调节每台压缩机的输出容量，提高冷水机组及压缩机的节能效果。

系统采用了基于机器学习的故障预警预判健康管理技术（原理见图5），对整个制冷系统进行健康诊断分析和管理，大大提高了系统可靠性以及系统的运维管理水平。首先对制冷系统各子系统和设备进行故障分析并完善数字孪生仿真平台，然后通过贝叶斯算法模拟故障发生的先验分布，当有设备参数偏离正常值时，利用 AHP 综合分析算法进行容错分析，根据不同的统计方法，给出当前设备或者系统异常的可能原因，指导系统运维管理和维护。

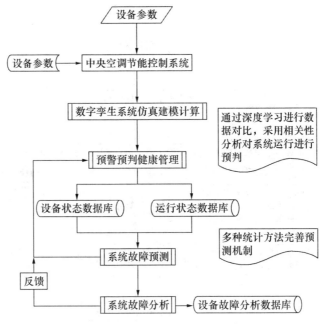

图5　基于机器学习的预警预判健康管理系统

3.4　技术先进性及指标

该案例的主要技术参数为：

$$COP_{机房} = \frac{Q_{主机冷量}}{W_{主机} + W_{冷冻水泵} + W_{冷却水泵} + W_{冷却塔}}$$

$$COP_{全系统} = \frac{Q_{主机冷量}}{W_{主机} + W_{冷冻水泵} + W_{冷却水泵} + W_{冷却塔} + W_{大系统}}$$

通过实施该技术，系统投入运营后制冷机房年平均综合能效比达到 5.97，综合节能率在 30% 以上。

该案例技术与现有同类技术的对比情况如下。

（1）早期的控制系统特点：简单的连锁启停，仅含有开、关机顺序的控制逻辑，其余无任何节能控制策略。

（2）一般变流量系统：仅关注水泵的变流量节能，忽略了水泵变流量对主机能耗的影响和对水力平衡的影响。主机开、关机及台数控制的不合理，会影响节能效果；没有将主机、水泵和末端作为一个整体来综合考量节能效果。

（3）FEC中央空调深度节能控制系统：与主机结合——通过与主机通信连接，分析主机运行特性，实现系统与主机匹配，保证主机高效运行；主动寻优——特有的主动寻优专利技术，不断修正节能策略，保证整个系统实现最大限度节能；基于水力平衡——在水力平衡的前提下，控制一次泵频率。机房整体综合节能：将冷冻机房设备作为一个整体，考虑系统综合节能率；物联网技术——采用先进的物联网技术，通过移动终端App实现远程互联；高节能率——经第三方实际检测，中央空调深度节能系统综合节能率在30%以上。

该项技术已成功应用于金鹰国际、中天电子、广州地铁、徐州地铁、上海地铁等单位。

4 典型案例

4.1 案例概况

广州地铁新塘站高效机房节能系统为FEC中央空调深度节能控制系统应用成效突出的典型案例。

该地铁站空调系统总计算冷量3570kW（1000RT），380RT主机2台，255RT主机1台，11kW冷冻水泵4台，7.5kW冷冻水泵2台，11kW冷却水泵4台，7.5kW冷却水泵2台，5.5kW冷却塔4台。

该地铁站空调系统在深化设计前，机房能效仅符合常规设计标准，而整体达不到高效机房标准。

空调系统主要耗能设备为冷水机组、冷冻水泵、冷却水泵、冷却塔、新风和排风机组及末端风系统。在给定制冷量的情况下，通过优化各个耗能设备开启台数和开启设备频率，实现总能耗最低，提高制冷系统运行效率。

深化设计技术方案的主要内容为更换高效冷水机组、高效水泵、高效冷却塔，改变水管弯头连接方式，降低水系统阻力，优化水系统水力平衡。

采用 FEC 中央空调深度节能控制系统后，空调系统年平均综合能效比得到显著提升。

4.2　方案实施

该技术方案主要从以下几个方面实施。

（1）地下车站供冷负荷需求分析。地下车站为流动性区域，与常规建筑相比，存在人流量大、舒适性要求不同的特点。其温度往往低于室外温度 2℃ ~ 3℃，因而使冷冻水进、出口温度分别从 12℃、7℃ 提高到 17℃、10℃。

（2）高效冷水机组选择与设计。为使整个地下车站制冷机房高效运行，需要有高效冷水机组作为冷源供应。该案例由南京天加环境科技有限公司专门设计了适合地下车站机房的高效冷水机组。

（3）高效辅助设备选择和设计。这包括对冷却水泵、冷冻水泵、冷却塔、末端等设备的供应商的考察和确定，同时由广州地铁集团有限公司对整个系统进行优化设计，从而使整个系统阻力最小、运行最优。

（4）系统集成优化设计。高效制冷机房的设计，一方面需要有合理的方案和高效设备，另一方面需要将各高效设备按照其最佳匹配状态合理优化运行，从而实现地下车站制冷机房高效运行。南京福加对整个制冷机房关键设备进行建模，通过自适应和自学习方式完善模型，并通过模型指导主机开启台数和负载率、冷冻水泵频率和台数、冷却水泵频率和台数、冷却塔风机频率和台数以及末端风机频率，从而达到系统运行能效最优。

4.3　实施效果

该案例技术方案实施后，南京福加委托合肥通用机电产品检测院有限公司对深化设计后的制冷机房进行了检测，测试结果为：冷水机组节能量

1304.1kW·h（节能率 41.9%），辅机节能量 807.8kW·h（节能率 73.7%），制冷机房节能量 2111.9kW·h（节能率 50.2%），末端大系统节能量 1517.7kW·h（节能率 67.1%），空调全系统节能量 3629.6kW·h（节能率 56.1%）。合肥通用机电产品检测院还对深化设计后的制冷机房全年能效比进行了检测，测试结果为 5.97（传统的制冷机房平均能效比在 2.5 ~ 3.5）。

为简化经济效益计算，常规制冷主机房年平均能效比按 3 计算，该案例高效制冷机房年平均能效比按 5.5 计算，对于广州地区，空调季按 9 个月计算，每日空调系统运行按 16 小时计算，平均负荷按 40% 考虑，电价按 0.8239 元/kW·h（粤发改价格〔2015〕179 号，广州、佛山市地铁电价）计算。

新塘站全年供冷量（估算）= 1015RT（车站装机总冷量）×3.517×9（运行月数）×30（每月天数）×16（全天运行小时数）×40%（平均负荷率）= 616.85 万 kW·h。

该案例制冷主机房年运行费 = 616.85÷5.5×0.8239 = 92.4 万元。

常规制冷主机房年运行费 = 616.85÷3×0.8239 = 169.41 万元。

该案例制冷主机房可节省运行费 77.01 万元/年，运行费用仅为常规制冷主机房的 55%，节约运行成本及节能效果显著。

可见，该案例技术方案的推广使用将会大大降低轨道交通车站制冷系统的能耗。广州地铁以点带面，将可行、高效的技术和措施推广应用至后续各站点，加快推进城市轨道交通行业空调系统节能减排的发展。

4.4 案例评价

该案例结合地铁空调系统现状，研发了适合城市轨道交通地下车站的串联逆流高效冷水机组，采用了机组容量及压缩机容量差异化配置，形成了多位一体的综合系统创新节能技术；研发了全系统主动寻优节能控制系统，可实现冷水机组压缩机增减载直接控制，并在城市轨道交通首次成功应用；制

定了《城市轨道交通地下车站高效制冷系统机房设计标准》《城市轨道交通
地下车站高效制冷系统机房施工标准》《城市轨道交通地下车站制冷系统在
线能效检测评定方法》；形成了城市轨道交通地下车站高效制冷系统全过程
建设体系。

上述成果在广州地铁十三号线首次成功应用，并经国家级第三方权威机
构检测，制冷机房综合能效比达到5.97。鉴定委员会一致认定：本案例技术
先进，研究成果达到国际先进水平，制冷机房综合能效比达到5.97，为国内
首创。

南京福加自动化科技有限公司专注于暖通空调（HVAC）自控与中央空
调深度节能事业，是集研发、生产、销售、服务于一体的专业化全面解决方
案提供商。该企业2004年成立于六朝古都南京，坐落于国家级南京经济技
术开发区，注册资金6000万元，厂房面积约8000平方米。

南京福加是国家级高新技术企业，专注于洁净环境与节能事业，拥有行
业内最完整的产品线及解决方案，包括超洁净环境控制系统、工业厂房
FMCS厂务监控系统、机房深度节能控制系统、海工船舶环境控制系统、物
联网云平台等。

南京福加是国内领先的海工船舶环境控制解决方案提供商，是轨道交通
通风空调节能行业的领跑者。其以ISO9001管理体系为主线，并通过
ISO14001环境管理体系和OHSAS18001职业健康管理体系认证，产品销售遍
布全国，并出口到乌克兰、罗马尼亚、南非、伊朗、巴基斯坦等国家和
地区。

经过多年的发展积累，南京福加已在电子、医药、轨道交通、建筑楼
宇、装备制造等领域积累了大量成功经验，并和多家国内外知名品牌暖通空
调设备厂商及专业工程公司建立了长期的合作伙伴关系，成为暖通自控与节
能领域的领军企业。

南京福加获得了基于主动寻优的中央空调深度节能控制系统实用新型专利和轨道交通深度节能软件、基于预警预判健康管理的深度节能控制软件、制冷机房节能控制系统压缩机容量及台数控制软件、中央空调深度节能算法软件四项著作权，获得 2019 年"蓝天杯"高效机房（能源站）优秀工程——卓越节能技术奖。

针对轨道交通地下车站制冷系统能效偏低问题，南京福加研发了适合城市轨道交通地下车站的串联逆流超高效冷水机组，采用了机组容量及压缩机容量差异化配置，形成了多位一体的综合系统创新节能技术；研发了全系统主动寻优节能控制系统，可实现冷水机组压缩机增减载直接控制，并在城市轨道交通领域成功应用。该案例技术先进，可广泛应用于电子、医药、建筑楼宇、轨道交通、装备制造等领域的中央空调系统。

附　件

附件一　重点节能技术应用典型案例（2019）展示专区

重点节能技术应用典型案例（2019）展示专区

前言

　　为充分发挥节能新技术在推动经济转型、绿色发展和生态文明建设中的示范引领作用，推动重点节能技术更广泛的应用，提高能源利用效率，2019年8月国家节能中心启动了第二届重点节能技术应用典型案例评选工作，本着"公平、公正、公开，客观准确、质量第一、宁缺毋滥"等刚性准则，以及"评选是前提，体现公益性；推广是目的，按市场化原则进行"等原则，经过信誉核查、初步评选、现场答辩、现场核实等十几个环节，最终由评选专家团队从申报的279个符合要求的案例中确定了16个重点节能技术应用典型案例，国家节能中心于2020年9月7日进行了通告发布。

　　为进一步宣传这些入选案例技术的推广价值、促进节能技术应用进步，本着自愿参与的原则，按照国家节能中心、各有关方面及16家入选案例技术企业共同签订的相关协议，我们将这16个典型案例技术在我中心文化长廊中设展示专区进行宣传推广，供大家参观浏览和联系应用。

国家节能中心

2020年10月16日

案例 | 港珠澳大桥珠海口岸格力永磁变频直驱制冷设备应用
案例技术企业：珠海格力电器股份有限公司

企业及技术简介

珠海格力电器股份有限公司是一家多元化的全球型工业集团，主营家用空调、中央空调、智能装备、生活电器、空气能热水器、物联手机、晶弘冰箱等产品。业务遍及全球160多个国家和地区，2020年《财富》世界500强第436位。

格力创新数据：目前申请国内专利**70909**项，申请国际专利2265项，30项"国际领先"技术，获得国家科技进步奖2项、国家技术发明奖2项、中国专利奖金奖4项。

获得：
国家科技进步奖 2项	国家技术发明奖 2项	国家专利奖金奖 4项

专家点评

珠海格力电器股份有限公司推出的CVE系列永磁同步变频离心式冷水机组，采用高速电机直驱叶轮结构，机组可满足国家标准双一级能效，相比普通离心式冷水机组节能**40%以上**，是"全球首台采用高速永磁同步变频离心式大功率冷水机组"。可广泛用于大型办公楼宇、医院、学校、商场以及工艺流程，可以直接更换机组对现用空调系统机型节能改造。

技术优势

高速永磁同步变频技术

采用全球首台专用于制冷离心压缩机的大功率高速永磁同步电机，功率达1500kW，转速达10000rmp，且其体积小，重量轻，400kW的高速永磁同步电机重量仅相当于75kW的交流感应电机。

高速永磁同步变频电机的启动电流小，是星三角启动方式的启动电流的1/5左右；在机组运行的范围内，电机效率均达到96%以上，最高效率98.2%。大大提高了机组满负荷与部分负荷的运行能效。

企业联系方式

📍 珠海前山金鸡西路　　🌐 www.gree.com　　📞 白璇瑄 16626215087 / 朱莉 16626251809

NECC

案例 | 北京交通大学食堂灶头节能改造
案例技术企业：湖北谁与争锋节能灶具股份有限公司

企业及技术简介

湖北谁与争锋节能灶具股份有限公司成立于2009年，注册资金2000万，拥有多项自主知识产权的专利证书。谁与争锋牌商用燃气灶具系列产品相继获得由中国质量认证中心（CQC）颁发的商用燃气灶具类第一张《中国节能产品认证》证书和《中国环保产品认证》证书，并通过商用燃气灶具类能效标识备案，连续列入《节能产品政府采购清单》《公共机构节能节水参考目录》。2018年公司被列入"能效领跑者"示范建设试点项目企业库。

专家点评

湖北谁与争锋节能灶具股份有限公司实施的北京交通大学食堂灶头节能改造项目，通过**烟气再循环余热利用、预混蓄热燃烧、变频燃烧**等多项专利技术，做到了运行稳定可靠，节能效果明显，具有一定的先进性、引领性和示范性，有良好的推广价值和应用前景。

 创新　 协调　 绿色　 开放　 共享

技术优势

❶ 高效节能中餐燃气炒菜灶：依据烟气再循环余热利用专利技术原理，使高温烟气再次与燃料混合燃烧，达到节能效果。

高效节能燃气大锅灶：采用鼓风预混燃烧红外蓄热技术，多个耐高温陶瓷喷射头预混燃烧，通过和喷射头的周围红外蓄热体实现热交换平衡后，燃气燃烧后的大部分热量通过蓄热体就会转换为红外辐射能量。 ❷

❸ 高效节能燃气蒸柜：利用自动温控装置来控制燃烧器的变频燃烧技术、蒸汽的余热回收利用技术以及耐压密闭箱体，使热效率实现最大化。

案例改造后节能效果40%以上。总投资约53万元，按照改造当年市场能源价格计算，**年节约资金约36万元，投资回收期约1.5年。**

企业联系方式

⚲ 湖北省宜昌市高新区兰台路13号9栋　⊕ www.hbsyzf.com　👤 程钧　📞 13872556823

案例 华电长沙电厂制粉系统分离器整体优化改造
案例技术企业：华电电力科学研究院有限公司

企业及技术简介

华电电力科学研究院有限公司始建于1956年，是中国华电集团有限公司直属的唯一科研机构。多相流分离技术已获国家专利20余项以及中电联电力创新奖、北京市新技术新产品等；为制粉系统提供了一条节能、经济、全新的技术途径，取得了显著的节能降耗效果，可推广应用于水泥、钢铁、化工等领域。

安全　高效　节能　环保

7个国家级研发中心
10个集团级技术中心

专家点评

本案例技术产品用于燃煤电厂制粉系统分离器改造，与原设计相比较，平均最大出力**提高约20%**，制粉单耗平均降低4.73kWh/t，压降平均降低1030Pa，煤粉细度和均匀性均有所改善，经示范年节煤近4000吨。**节电、节煤效果显著，可复制性强，推广潜力大。**

技术优势

系统研究了复杂工况下分离过程中涡形成及其不稳定性的理论，**全面提高了制粉系统对煤质多变、负荷多变等新工况的适应性；实现了制粉系统整体优化。**

▶ 采用先进的离心分离原理和多级分离模式；
▶ 挡板实现整体调节，可接入DCS，为煤粉智能供给提供支持；
▶ 分离器容积强度增大、煤粉均匀性和煤粉细度全面改善；
▶ 相同细度下出力较改造前提高约20%；
▶ 制粉单耗降低3-6kWh/t；
▶ 达到动态分离器效果，可靠性高；
▶ 理论推广至细粉分离器，解决二次夹带、分离效率高达97.3%。

技术原理

企业联系方式

⚲ 浙江省杭州市西湖区西园一路10号 ⊕ http://www.chder.com 👤 李宗慧 📞 010-59216417　15011293120

案例 | 江苏泰利达新材料公司乙醇自回热精馏节能改造
案例技术企业：江苏乐科节能科技股份有限公司

企业及技术简介

江苏乐科节能科技股份有限公司是致力于工业热能综合利用的技术工程公司，**专业研究、设计、制造MVR耦合浓缩、连续结晶、自回热精馏系统**，现有各节能系统500余套在全国各地应用，是国内工业能源回收再利用行业的领军型技术企业。被评定为国家高新技术企业，2016年"MVR关键技术研究与应用"项目获第四届江苏省科技创业大赛企业组三等奖，同时荣获第五届中国创新创业大赛新能源及环保行业企业组第三名；"机械蒸汽再压缩蒸发系统关键技术研究与应用"获江苏省科学技术二等奖。连续五年被评为工业百优企业。研发自回热精馏节能技术（SHRT）被列入江苏省节能产品推广目录。

专家点评

江苏乐科自主研发的自回热精馏技术将精馏过程中浪费的能量重新回收利用，改变了原有系统的用能方式，在不改变原工艺、不增加人工的情况下大大提高了精馏系统的能量利用率，**节能率超过40%**，为企业带来了可观的经济效益。该技术目前已在国内运行几十套，工程实施经验丰富，**并拥有多项技术专利，是一项工业节能减排的重要技术。**

技术优势

江苏乐科节能开发了适用于工业领域的自回热精馏系统，把塔顶原本使用循环水冷凝的低温蒸汽通过蒸汽压缩机压缩，提高其温度、压力后在再沸器中冷凝将热量传递给塔底物料，利用少量电能提高塔顶蒸汽的热品位，**高效地回收了塔顶蒸汽的汽化潜热，减少了塔底热量的供应的同时降低了塔顶冷量的消耗，从而达到节能的目的。**

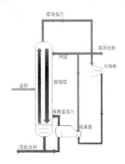

该技术可应用于化工、石化、制药、精细化工等行业的精馏过程。提高了精馏过程的能量利用率，减少了企业的操作费用，降低了二氧化碳等温室气体的排放。

较传统精馏，采用该技术的能耗仅为原系统的50%-80%，节约标煤50%～90%。

企业联系方式

📍 江苏省靖江市开发区德裕路1号 🌐 www.luckyleke.com 👤 王仟仟 📞 0523-80501800 15061034166

案例 湛江中粤能源有限公司凝结水泵永磁调速器应用
案例技术企业：迈格钠磁动力股份有限公司

企业及技术简介

迈格钠磁动力股份有限公司成立于2012年，注册资金9429万元人民币，是国际永磁传动行业领军企业、国家高新技术企业、国家知识产权优势企业、工信部首批绿色示范工厂、国家发改委《国家重点节能技术推广目录》入围企业、工信部《国家工业节能技术装备推荐目录》入围企业，永磁联轴器、永磁调速器国家标准第一起草单位。

(国际永磁传动行业领军企业) (国家高新技术企业) (国家知识产权优势企业) (工信部首批绿色示范工厂)

专家点评

水泵每年消耗的电能占全国总电耗的**21%**左右。湛江中粤能源有限公司的**2000kW**凝结水泵于**2015年1月**选用迈格钠磁动力股份有限公司的永磁涡流柔性传动装置进行节能改造，经广东电科院实测，节电率为**54.78%**，年节约标煤达**492吨**，节能效果非常明显，有效降低了企业的运行成本和维护成本，取得了良好的节能效果，得到用户的高度认可。

技术优势

迈格钠公司的突破性永磁涡流柔性传动节能技术（**简称"永磁传动技术"或"永磁调速技术"**）依据现代磁学理论，应用永磁材料所产生的磁力作用，完成力或力矩的无接触传递，实现能量的空中传递。**其核心价值就是让传动更安全、更简便、更高效、更环保。**它是继液力耦合技术、电力变频驱动技术后的又一个具有划时代的创新性技术，是目前能够达到安全可靠与节能降耗双重指标的新兴技术与理想替代的绿色产品，是动力传动技术的第三次革命。

企业联系方式

辽宁省鞍山市经济开发区鞍旗路 22 号　⊕ www.magna-drive.com　👤 苏倩倩　📞 18624200999

案例 首钢迁安公司开关磁阻智能调速电机应用
案例技术企业：深圳市风发科技发展有限公司

企业及技术简介

深圳市风发科技发展有限公司，成立于2007年，**是一家专业从事开关磁阻调速电机系统研发、产销和技术服务的国家级高新技术企业**。该系统突破开关磁阻电机理论瓶颈，通过以检测转子位置作为驱动换相域、增大定子极弧系数、采用线性分布式多相励磁绕组设计等技术创新，解决了开关磁阻电机的振动大、噪声大、效能低的固有缺陷，可实现**15%**以上的综合节能效果，性能优势明显，应用前景广阔。

专家点评

风发科技电机系统解决了传统开关磁阻电机系统的振动大、噪声大、效能低的固有缺陷，**具有启动电流小、启动转矩大、调速响应快的优势**，可在低转速、低负载下达到较高效率；可在保证工况所需电机输出功率下，实现输出扭矩、电流比值最大化；可自动匹配与适应各种工况，保证工况条件下的最优扭矩输出。

技术优势

风发科技电机在效率、启动和调速等方面均表现出了优良的特性。相较异步电机，该电机不但在额定负载下具有高效率，而且在低转速和低负载下依然具有较高的效率；在启动和调速方面，该电机表现出了启动电流小、启动转矩大、调速响应快等特点。同时，节能率超越传统的永磁电机、伺服电机，其相对（替换）传统电机可实现**8%-72%**的节电率。

企业联系方式

📍 广东省深圳市南山区沙河西路健兴科技大厦A座8楼　🌐 www.chinafengfa.com　👤 孙琪　📞 17790662197 / 84692930

NECC

案例 | 池州学院配电系统电压质量提升工程
案例技术企业：安徽集黎电气技术有限公司

企业及技术简介

安徽集黎电气技术有限公司是一家致力于电能质量优化治理和节电技术研究的国家高企和双软企业。公司核心技术产品入选国家发展改革委、国家机关事务管理局等部门的节能低碳技术推荐目录，**并入选2019自然基金会"气候创行者"项目。**

专家点评

安徽集黎电气技术有限公司实施的"池州学院配电系统电压质量提升工程"，技术成熟，方案可靠，有效解决了配电系统的**电压偏差、波动和三相不平衡问题**，提升了用户侧的电压质量，得到了用户的赞许，为公共机构的电力节能提供了切实可行的配电系统解决方案，具有较好的示范意义和推广价值。

技术优势

安徽集黎独具自主知识产权的"基于电磁平衡调节的用户侧电压质量优化技术"，该项技术通过对电参数的采样传输，结合智慧分析和电磁平衡转化，改善用户侧配电系统的电压质量，最终达到电力节能的效果。与传统的电子节电技术相比，该技术不产生谐波污染，使用寿命超过**15年**，设备空载损耗仅为**0.08%**，综合节电效果达**8%-20%**，是电能质量单项指标优化的重大突破。

企业联系方式

📍 安徽省合肥市包河区中关村协同创新智汇园D3栋3楼　🌐 www.getekg.com　👤 范健夫　📞 13855166155

NECC

案例 | **泰达新水源西区污水处理厂高速离心鼓风机应用**
案例技术企业：亿昇(天津)科技有限公司

企业及技术简介

亿昇（天津）科技有限公司是一家专门从事磁悬浮轴承及其相关产业化技术研发、生产、销售及技术服务的公司，**拥有完全自主知识产权，居于国际同行业领先水平**，填补国内技术空白，曾荣获国家高新技术企业、国家工信部绿色系统集成供应商等荣誉称号。

鼓风机产品广泛应用于市政污水、造纸印染、生物医药、食品发酵等各行各业，是企业主要能耗设备。亿昇科技自主研发的高效节能磁悬浮鼓风机产品高于一级能效，能效水平国际领先。

专家点评

高效节能磁悬浮离心式鼓风机在天津泰达新水源西区污水处理厂的应用改造过程中，有效替代传统老旧罗茨风机，满足现场使用需求，节能率达到 **26.5%**，噪音降至 **85dB以下**。该技术的快速推广将有效助推我国节能环保事业发展。

技术优势

❶ 基于模块化设计的主动磁悬浮轴承技术，灵活运用电感式传感器及电涡流式传感器，综合运用有推力盘及无推力盘的轴承设计技术，适应宽功率范围的高速转子悬浮需求，实现了系列磁悬浮离心鼓风机的无接触可靠支承；

❷ 基于低损耗高效率高速永磁综合电机设计、制造及综合散热技术，采用高速直驱技术驱动叶轮旋转，取消变速箱和油润滑系统，**降低损耗，减少维护**；

❸ 通过对磁悬浮轴承技术、高速永磁电机技术、三元流设计技术、鼓风机综合控制技术等的组合创新，完成了系列化的"高效节能磁悬浮离心鼓风机"产品，**具有效率高、噪音低、维护简便等优点**。

企业联系方式

📍 天津市经济技术开发区睦宁路160号　🌐 www.esurging.com　👤 侯成勃　📞 4006186236 / 18630890656

案例 | 烟台业林纺织印染公司污水降温及余热利用项目
案例技术企业：山东双信节能环保技术有限公司

企业及技术简介

山东双信节能环保技术有限公司是专业研发生产热能回收及应用技术的服务型企业，其研发的"双信复叠式热功转换机组"，可广泛用于有废水余热回收和用热需求的工业和商业领域，可满足95℃以下所有的用热需求，应用领域广，节能效率高。

烟台业林纺织印染有限公司污水降温及余热利用项目，经第三方检测，节能率高达**92.69%**；入选国家节能中心重点节能技术应用典型案例、工信部国家工业节能重点技术推广项目和第十二批中国印染行业节能减排先进技术推荐目录。

专家点评

由山东双信节能环保技术有限公司研发生产的"双信复叠式热功转换机组"是将多介质复叠交叉换热系统与热泵系统有机结合的一项创新技术，国内首创，国际先进，**在实际应用中的节能效果显著，是对传统低温余热回收技术的重要革新。**

印染　洗浴　制糖　造纸　钢铁　制酒

技术优势

由山东双信节能环保技术有限公司研发生产的"双信复叠式热功转换机组"是将多介质复叠交叉换热系统与热泵系统有机结合的一项创新技术，**国内首创，国际先进**。该技术通过消耗少量的电能，将生产过程中排出带有一定热量的工艺废水经过热功转换、复叠制热获得60℃-95℃工艺热水，以达到节约蒸汽、降低生产能耗的目的。经第三方权威机构检测，**在实际应用中的能效比高达16.8**，是对传统换热技术的革命性升级，可广泛用于纺织印染、洗浴、制糖、造纸、钢铁、制酒等领域，具有很高的推广价值。

企业联系方式

山东省威海市经济开发区双轮路1号　www.shandongshuangxin.com　胡甜甜　15854644447

NECC

案例 中石化茂名分公司炼油4号柴油加氢余热发电项目
案例技术企业：北京华航盛世能源技术有限公司

企业及技术简介

北京华航盛世能源技术有限公司是由北京航空航天大学与数名世界500强技术专家联合成立的一家高新技术企业，公司致力于余热深度回收利用技术及装置的研发，在工业余热余压回收利用和系统优化等节能减排领域处于**国内领先水平**。公司经营理念是：打造中国清洁能源发展的核心应用技术平台，成为ORC全产业链系统解决方案服务商。公司已完成钢铁、石化、炼油、煤化工、化肥、玻璃等数十个高耗能项目的改造，是国内向心涡轮ORC余热发电领域的领跑者。

创新引领节能，责任成就未来！

专家点评

该技术具有**高效率、节能环保、操作简单、便于运行维护**等特点，装置的应用情况表明向心ORC低温余热发电技术能有效降低柴油加氢装置的能耗，经济效益良好。

该余热发电装置每年电量输出1452×104kW·h，装置能耗降低443.03MJ/t，**装置节能效果显著**，回收低温余热意义重大，余热回收技术市场前景广阔。

技术优势

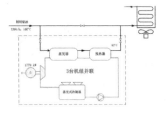

3台机组并联

该项目改造了原工艺流程。140℃以上的精制柴油直接进入ORC余热发电机组，将热量释放给机组后油温降至62℃。机组利用柴油的余热，设计发电功率1750kW，同时**节约空冷器耗电450KW**，**年节省5200吨标煤，年减排二氧化碳12780吨**。该项目投资可以在三年内回收，具有极佳的节能效果和较高的经济性。

该项目为**全球首台**（套）工业柴油（工艺物流）直接换热的余热发电项目，燃料成本为零，机组零排放，在炼油行业具备十分广泛的推广值。

企业联系方式

北京市朝阳区北辰东路8号汇园大厦H座2401 ⊕ www.hhssenergy.com ⚊ 张冬海 ☎ 18611766116

NECC

天津天保能源海港热电厂烟气深度余热回收利用
案例技术企业：北京华源泰盟节能设备有限公司

企业及技术简介

北京华源泰盟节能设备有限公司是由烟台冰轮控股的国家级高新技术企业，始终专注于工业余热利用与城市集中供热领域，在此基础上成功研发并生产销售8大系列专利产品。

公司已实施余热回收清洁供暖工程100余项，余热供暖面积达到1.9亿平方米，节能与减排效益相当于每年节约标准煤376万吨、植树27.3万亩。

华源泰盟实施的"天津天保能源海港热电厂烟气深度余热回收利用"项目是首例全年供热运行的烟气余热回收项目，回收烟气余热量达8.7MW，年节约标准煤4771吨。

专家点评

华源泰盟实施的"天津天保能源海港热电厂烟气深度余热回收利用"项目，是对燃煤锅炉烟气尾部处理工艺的重大变革，具有独创性。该技术实现了**燃煤烟气深度余热回收和烟气再次净化**，对北方地区清洁供热具有重要意义。

技术优势

❶ 可将锅炉排烟温度降至30℃以下；

❷ 可回收部分汽化潜热，大幅提高锅炉效率；

❸ 进一步降低排烟中的粉尘、SO_2等污染物浓度，也可用于消除白烟；

❹ 机组四季都可制冷运行，实现一机两用。

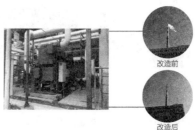

改造前

改造后

烟气余热深度回收机组

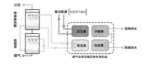

基于喷淋换热的烟气余热回收及减排一体化技术流程图

企业联系方式

📍 北京市海淀区成府路28号优盛大厦C座10层　⊕ www.powerbeijinghytm.com

👤 乔宇　📞 010-62701509　13708902176

案例 | 郑州航空港区安置房高延性冷轧带肋钢筋应用工程
案例技术企业：安阳复星合力新材料股份有限公司

企业及技术简介

安阳复星合力新材料股份有限公司是一家集高延性冷轧带肋钢筋生产工艺研发、产品生产、装备研发与制造为一体的国家高新技术企业。公司一直致力于冷轧带肋钢筋的研究与开发，目前已完全具有高延性冷轧带肋钢筋的核心自主知识产权，**成为该项技术产业化发展的领跑者**。高延性冷轧带肋钢筋盘螺生产技术是基于冷轧+在线热处理工艺技术原理，在不添加任何微合金的情况下，生产高质量、高性能、节约型、绿色化的建筑新型材料，在本案例应用中有显著的节材效果。

专家点评

本案例使用的高延性带肋钢筋主要工艺技术原理是**冷轧+在线热处理**，**在国内具有领先水平**；产品生产过程不添加合金元素，无污染、零排放、节能环保，在本次案例应用中节材率高达**20.1%**，既节省资源又减少投资，具有显著的社会和经济效益。

技术优势

经冶金工业规划研究院能耗先进性评估：CRB600H高延性冷轧带肋钢筋较HRB400热轧钢筋，吨钢理论节材率19.44%，吨钢节约标准煤12.4千克，吨钢节约合金18.3千克，吨钢减少CO_2排放21.3千克。产品性能优于HRB400。

牌号	直径/mm	屈服强度Mpa	抗拉强度Mpa	伸长率A.%	最大力均匀伸长率Agt%	设计强度Mpa
				不小于		
CRB600H	5-12	540	600	14.0	≥5	430
HRB400	8-25 28-40	400	540	16.0	7.5	360

企业联系方式

📍 河南省安阳市高新区长江大道285号　⊕ www.helitechtronic.com　👤 龙芳芳　📞 15039956703

NECC

案例 | 浙江银泰百货武林店冷水机组双模运行系统节能改造
案例技术企业：远大能源利用管理有限公司

企业及技术简介

远大能源是远大科技集团旗下负责整体**能源节能优化**解决方案的专业公司，核心业务包括建筑、工业领域合同能源管理、区域能源管理及能效管理系统，提供区域冷热电联产系统的设备、投资、设计、施工及运营服务，运用市场机制实现最大限度的节能。

案例技术利用溴化锂吸收式制冷技术及分隔式制热技术和高效磁悬浮制冷技术的组合，使用燃气与电为中央空调系统提供制冷、制热和卫生热水。

专家点评

远大能源利用管理有限公司实施的浙江银泰百货武林店冷水机组双模运行系统节能改造项目，采用了**溴化锂冷（温）水机组和磁悬浮冷水机组组合的高效节能双模技术**，既可利用电能，也可利用天然气、废热等，实现多能源互补，可广泛用于区域空调及公共建筑中央空调系统，具有良好的节能减排降费效果。

技术优势

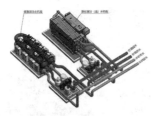

▶ 远大溴化锂冷（温）水机组制冷额定负荷COP达1.42，制热额定负荷COP达0.93；磁悬浮冷水机组综合部分负荷性能系数（IPLV）高达10。

▶ 溴化锂冷（温）水机组与磁悬浮冷水机组的组合，可根据实际需求进行二者用能**灵活搭配**，以满足不同工艺的冷水需求。

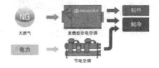

▶ 可灵活针对能源价格浮动，调节系统的运行方式，以达到移峰填谷、降低运行费用等目的。**对城市能源季节性的平衡起到一定积极作用**。可确保整个空调系统的安全、稳定运行。

企业联系方式

📍 湖南省长沙市远大三路远大城　⊕ www.broad.net　👤 谢吉平　📞 0731-84086062　18692296973

案例 | 莒南县临港产业园区竹缠绕复合管供水工程
案例技术企业：浙江鑫宙竹基复合材料科技有限公司

企业及技术简介

浙江鑫宙竹基复合材料科技有限公司是竹缠绕复合材料技术的发明单位，是目前**全球唯一**专门从事竹缠绕复合材料研究、技术开发和成果转化的研发型科技企业，拥有具有自主知识产权的竹缠绕技术**居世界领先水平**，累计申请专利359件。公司发明的竹缠绕复合管，已投入市场推广应用。

累计申请专利359件

专家点评

莒南县临港产业园区竹缠绕复合管供水工程应用案例，采用长度**2.555km**、DN1000竹缠绕复合管替代螺旋焊管，可实现年节省标准煤**422吨**，减排二氧化碳**945吨**。工程项目于2017年7月投入应用，节能环保效益显著，管道输水运行良好，获得客户高度认可，市场推广潜力巨大。

技术优势

竹缠绕复合管是**以竹子为基材**，采用缠绕工艺加工而成的生物基管道，其生产全过程单位能耗远低于螺旋焊管、聚乙烯管、水泥管等传统管道。该技术具有**资源可再生、质轻高强、节能低碳、清洁环保、综合成本低**等优势，已在山东临沂、江苏徐州、广西玉林等给排水管道工程上成功应用了110余公里，节能减碳效益、社会效益显著。

入选：国家发改委重点推广低碳技术，水利部、国家林草局、住建部等重点推广科技成果，工信部工业资源综合利用先进装备，国家"十三五"林产重点战略项目。

企业联系方式

📍 浙江省杭州市萧山区墅上王工业园668号　⊕ www.xzbbc.com　👤 王栋　📞 15156283297

案例 华为廊坊云数据中心三期iCooling@AI能效优化应用
案例技术企业：华为技术有限公司

企业及技术简介

华为创立于1987年，是**全球领先**的ICT（信息与通信）基础设施和智能终端提供商，业务遍及170多个国家和地区，服务30多亿人口。
iCooling@AI的核心原理是通过人工智能技术，找出决定数据中心PUE的数学模型，从而找出最佳的制冷策略，做到系统级的能效最优。

专家点评

华为技术有限公司实施的华为廊坊云数据中心三期能效优化项目，采用iCooling@AI能效优化技术替代传统的人工调节，通过海量数据分析，训练数据中心PUE模型，推理出最佳参数组合，并持续自我优化，实时更新制冷策略，实现系统级调优，降低数据中心能耗。该模型精度高达**99.5%**，每年可节约电力**8%~15%**。

技术优势

华为廊坊云数据中心三期，创新采用华为iCooling@AI能效优化技术，进行制冷优化。部署iCooling系统后，利用AI技术，寻找出制约PUE的关键因素，然后推理出当前IT负载、室外温度下的最佳参数组合，并监督下发，达到数据中心能效最优，而且能够持续优化，无需人工调节，PUE由**1.42**降低到**1.28**，年节省电量超过**1500**万度，实现了经济效益和社会效益双赢。

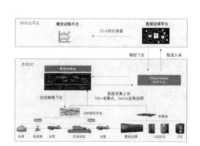

企业联系方式

深圳市龙岗区坂田华为总部　　www.huawei.com　　赵七文　　18126295210

案例 广州地铁新塘站制冷机房系统节能技术应用
案例技术企业：南京福加自动化科技有限公司

企业及技术简介

技术强企，科技节能

福加是国家级高新技术企业，成立近20来年一直专注于环境节能与洁净事业。轨道交通地下车站高效机房系统节能技术，**经鉴定达到国际先进水平，为国内首创。** 公司自主研发的能效管理平台，以大数据分析为基础，利用福加专家规则库、自动侦测诊断技术为用户提供**可视化的界面、数据分析和能效优化**的功能，目前广泛应用于节能项目中。

(深度节能)　(洁净环境)　(能效管理云平台)

专家点评

福加城市轨道交通高效制冷机房综合能效比**5.97**，与现有制冷机房相比，可获得**45%以上**的节能效果，使地铁能耗整体降低**10%**以上，该技术的应用将极大降低轨道交通整体能耗，为绿色轨道交通的发展做出了重大贡献，且对于电子净化、商业楼宇、数据中心等空调能耗高的领域也有极大的推广价值。

技术优势

福加制冷机房系统节能技术在通过了制冷空调工业协会组织的院士及行业专家委员会鉴定，**鉴定结果为达到国际先进水平，机房综合能效比5.97，为国内首创**。广州地铁"十三五"10条线路全部采用高效制冷机房方案，为国内城市轨道交通行业首例。

(精准的负荷分析)　(基于主动寻优技术的节能控制)　(BIM装配式制冷机房设计)

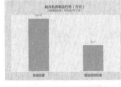

显著的经济效益和社会价值：

以新塘站为例，可节省年运行费77.01万元，运行费用仅为常规制冷机房的**55%**。若以全线20个站点计算，可节省：

年运行费	二氧化碳	标准煤
1600万元	1025吨	411吨

企业联系方式

📍 江苏省南京市经济技术开发区恒业路6-3号　🌐 www.fuca-china.com　👤 林浩　📞 15380932418

附件二　关于发布实施《国家节能中心重点节能技术应用典型案例评选和推广工作办法（2019）》的通告

各申报单位、各申报组织单位，社会各有关方面：

2017 年 8 月至 2018 年 12 月，国家节能中心组织开展了首届重点节能技术应用典型案例评选及后续宣传推广工作，得到了业界和社会其他有关方面的广泛认可，达到了预期目的和效果。在首届探索实践的基础上，针对节能技术推广难、选择难、融资难等突出问题，结合参评专家建议、面向社会公开征求的意见，我们修订完善了《国家节能中心重点节能技术应用典型案例评选工作办法（2017）》，形成了《国家节能中心重点节能技术应用典型案例评选和推广工作办法（2019）》。

现将《国家节能中心重点节能技术应用典型案例评选和推广工作办法（2019）》正式发布实施，敬请各申报单位、申报组织单位和社会各有关方面对我们组织的 2019 年评选推广工作进行监督。

评选和推广工作咨询服务联系方式：

联系人：于泽昊　国家节能中心（推广处）

　　　　公丕芹　国家节能中心（推广处）

电　话：010－68585777－6037，15010598988

　　　　010－68585777－6039，13811253685

通信地址：北京市西城区三里河北街 12 号，邮编：100045，国家节能中心（推广处）

邮　箱：jntg@ chinanecc. cn

特此通告。

附：国家节能中心重点节能技术应用典型案例评选和推广工作办法（2019）

国家节能中心

2019 年 4 月 22 日

附：

国家节能中心重点节能技术应用典型案例评选和
推广工作办法（2019）

根据党中央、国务院决策部署，按照国家法律法规和政策，国家节能中心组织开展 2019 年重点节能技术应用典型案例评选和推广工作。为确保本次评选推广工作公平公正、务实有效、实现初衷，现就重要事项规定如下。

一、评选和推广工作刚性准则

（一）深入贯彻习近平新时代中国特色社会主义思想。

（二）坚定落实党的十九大精神和中央决策部署。

（三）遵守党的法规纪律、国家法律法规。

（四）公平、公正、公开。

（五）客观准确、质量第一、宁缺毋滥。

（六）共商、共建、共享。

（七）精准、务实、有效。

二、评选和推广工作通用规则

（一）评选工作主要针对选择难、发挥引领示范作用不够等突出问题，推广工作主要针对供需信息不对称、对接不精准、成效不高等突出问题，坚决按新发展理念要求整合资源、搭建市场化的推广服务平台，久久为功、善作善成，打造可持续发挥功能作用的工作品牌。

（二）评选是前提，推广是目的。无推广需求的，不纳入评选范围，两年为一个周期；申报、推广自愿，评选工作不收取任何费用，体现公益性。推广工作按市场化原则进行。

（三）围绕国家发展需要突出工作重点，切实把在落实新发展理念中发挥作用突出的，在污染防治攻坚战、蓝天保卫战、脱贫攻坚战等国家重大战略、重大任务、重大工程和经济社会发展指标完成、高质量发展中作用突出的节能技术，择优评选出来，尽快推广见效。

（四）促进产业转型升级、新旧动能转换、能源消费革命，以及产业园区、大型公共建筑、大企业、大医院、高等院校等整体能效提升。

（五）促进产业技术进步，推动企业规模加快增长，壮大节能环保产业。

（六）符合国家相关产业政策和国家及国家认可的有关标准。

（七）申报技术企业单位正常经营，有较强的推广意愿，自愿承诺按市场化原则开展推广工作。

（八）案例应用技术具有先进性、引领性和示范性，环境、经济和社会效益良好。

（九）案例技术可复制性较好、应用稳定可靠，具有良好的推广价值。

（十）市场和用户对案例应用技术的认可度、满意度较高，口碑良好。

（十一）列入国家和省级有关部门发布的节能技术推广目录中的技术，以及拥有自主知识产权，直接节能效果突出、推广价值大的案例技术优先考虑。

（十二）申报资料真实有效，无重大失信记录和知识产权权属争议，社会信誉良好。

（十三）申报的案例项目已稳定运行 1 年以上。

（十四）有具备资质的第三方机构出具的节能报告或相关证明材料。

三、评选工作主要环节

（一）征集情况周知

对截止日期前收到的申报材料，无异议的，在国家节能中心公共服务网和国家节能宣传平台（即微信公众平台）上集中进行通告，向各申报单位、申报组织单位等各有关方面通报征集情况。

（二）初筛分类

根据本办法和典型案例征集通知明确的准则、范围和要求等，对申报材料进行符合性审查；对符合要求的，暂按工业、建筑、交通、民用及其他等领域进行备案登记，确定进入下一个环节。

（三）信誉核查

由组织方对已备案登记的申报案例的真实性及申报单位、单位法定代表人有无重大失信记录、有无科技成果和专利权属争议等进行核查，核查结果供参加初步评选的专家使用。存在上述问题的，一律取消入选资格。没有上述问题的，进入下一个评选环节。

（四）专家遴选和组织

1. 参加评选专家应具有优良的职业道德，具有相关专业高级职称，熟悉行业和节能有关情况、政策标准，在业内具有良好的信誉口碑、较高的知名度和权威性。

2. 根据申报的案例所属领域、数量情况进行分类，按照实际需要从国家节能专家库、相关科研院所、企业及地方节能中心等中遴选出相应专家，组建若干初评专家组。每个初评专家组不少于 5 人，初评专家组组长由专家组成员推选产生。

3. 对所有参加评选工作的专家，要进行工作准则、标准和程序等方面的宣讲培训，明确相关纪律要求等事项。

4. 参加评选工作的所有专家均应签署《诚信评选承诺书》。

5. 对参加评选工作的专家姓名及其单位和职称，以及分组情况，在初步评选前进行公示。若申报单位、申报组织单位和社会各有关方面对专家提出回避要求，提交的证明材料属实的，做出评选回避安排；对影响到评选公正性的，查证属实后取消该专家的评选资格。

（五）初步评选

1. 分类组建的初评专家组，分别对本组申报案例进行评选。每位专家要按要求对本组每一个案例打出初评总分值，并提出推荐建议；对需要补充材料、了解情况、存疑审查等问题的，要做出明确的说明。

2. 每个初评专家组对本组评选的每个案例，汇总打出初评总分值的平均分，按照平均分值由高到低提出拟初步入选案例。对拟初步入选案例，需要进行复查的，要提出要求、做出说明；每个初评专家组提出的拟初步入选案例数量不高于本组评选案例总数的 1/3。

（六）情况复查

1. 组织方根据初评专家组初评意见，需要申报单位进一步补充说明情况的，要求申报单位补充；需要对具体问题了解情况的，可采取电话、信函、邮件等方式向有关方面了解；对具有重要意义，但存在较大疑点的案例，初评专家组认为应进行存疑审查的，组织方组织相关专家进行特别审查，提出建议。

2. 每个初评专家组根据组织方提供的补充说明、问题了解的情况以及有关专家对存疑审查案例的特别审查情况和建议等，进行研究讨论，明确初步入选案例。初步入选案例数量不高于本组评选案例总数的 1/5。

（七）组织答辩

1. 根据初步入选案例实际情况，由参加初评的专家组成统一的现场答辩专家组，成员不少于 19 人，专业分布合理。组长由现场答辩专家组成员推选、组织方同意后产生，并邀请相关领域的院士作为专家顾问，现场指导答辩工作。组织现场答辩专家组对初步入选案例申报单位进行现场答辩，进一步确定案例应用技术的先进性、引领性和示范性，并按照质量第一的原则和答辩后初步入选案例质量实际情况，由组织方明确限定每位专家最高推荐票数，由每位专家给出推荐意见；根据答辩情况和推荐票数多少，由现场答辩专家组研究提出拟最终入选典型案例。拟最终入选典型案例在保证质量的前提下，应兼顾领域分布并留有备选余地，总的数量不高于申报案例总数的 1/6，并对案例全称进行统一规范。

2. 现场答辩过程全程录像，以备查核。

（八）公示及结果处理

对拟最终入选典型案例，在国家节能中心公共服务网和国家节能宣传平台等媒体上进行公示，公示期为 5 个工作日。

经公示无异议的，确定为进入现场核查环节的拟最终入选典型案例；有异议的，再次组织核实，由现场答辩专家组研究确定是否进入现场核查环节。

（九）现场核查

组织方根据实际情况，组织若干现场核查专家组，对进入现场核查环节的拟最终入选典型案例逐一进行现场核查。每个现场核查专家组由相关领域专家组成，人数不少于 3 人，推选明确一名专家为组长。现场核查前，对参加现场核查的所有专家和工作人员进行统一培训，明确现场核查的内容、程序和标准等事项，必要时可配备有关测试计量仪器，或邀请专业检测机构现场测试。每个案例项目经现场核查后，由专家组出具一份现场核查报告表，每位专家须签字确认。

根据现场核查结果，由组织方再次组织参加答辩和现场核查的专家组成终审专家组，人数不少于 7 人。终审专家组组长由现场答辩专家组组长担任，组织对经现场核查的拟最终入选典型案例进行统一研究，明确拟最终入选典型案例名单。

（十）最终确定

根据拟最终入选典型案例申报单位提交的有推广意愿和需求的承诺书，签订开放的《节能典型案例技术推广平台建设合作机制框架协议》，依据明确的通用规则与国家节能中心协商签订后续推广咨询服务协议后，方可确定为最终入选典型案例。案例名单以现场答辩后得票多少进行排序。

（十一）结果公布

对最终入选的典型案例，国家节能中心以通告形式正式发布，并在国家节能中心公共服务网和国家节能宣传平台等媒体上公布；必要时请公证机关对评选结果进行公证。

四、典型案例宣传推广

对最终入选的典型案例，国家节能中心将与入选案例技术申报单位、技术应用单位以及地方节能中心、专家学者、各类媒体等，依据后续推广咨询服务协议持续做好宣传推广工作，主要方式如下。

（一）首场发布推介

组织召开 2019 年最终入选典型案例首场发布活动，向各类新闻媒体、重点用能企业、公共机构等技术产品使用方，向政府部门、科研单位、地方节能中心、相关行业协会等社会各有关方面发布并逐项推介。

（二）颁发证书

国家节能中心向最终入选典型案例的申报单位颁发具有独立编号、永续可查的资格证书，作为入选案例技术单位后续宣传推广的重要依据。

（三）出版发行书籍

国家节能中心将最终入选的典型案例组织编辑出版，面向社会持续公开发行，条件允许时出版外文版。

（四）持续宣传报道

在年度全国节能宣传周和国家、地方等相关重大活动中优先进行推介报道；在国家节能中心公共服务网和国家节能宣传平台上，设立专栏进行持续宣传推广，在办公区公共视频上滚动播出有关入选案例技术单位视频短片和信息等；与国内核心和专业报刊合作，开辟节能产业专栏等，持续介绍入选案例技术、企业成就和社会贡献等。

（五）优先利用国家节能专家库资源

入选案例技术单位可以推荐本单位符合条件的专家进入国家节能专家库，并可优先使用国家节能专家库资源，发挥专家库专家在推动企业节能技术研发和推广应用中的作用。

（六）短长结合展览展示

在国家节能中心会议区设立展示专区，设计制作展板，介绍入选案例技术。展板悬挂一年左右，中间可以根据需要进行更新；在北京的国家节能中心节能技术宣传推广基地以及与有关地方合办的节能产业园区、节能技术改造与服务基地（服务站、服务点）等，协商设立专区或分散进行专项展览展示及开展研发、对接等活动；在中国国际中小企业博览会以及其他节能环保等专业展览上，优先协商开展针对入选案例技术单位需求的专项展览、推介对接等活动。

（七）供需精准对接

在国家节能中心组织或联合其他单位组织的节能技术改造与服务对接会、专业会议、专项培训等活动中，优先邀请入选案例技术单位参加并让其进行技术讲解宣传、应用对接、展示洽谈等活动。

（八）提供后续跟踪和融资等服务

对入选案例技术单位与需求方有推进合同签订、项目落地等后续服务以及有融资需求的，依据相关协议提供专业化的第三方服务。

（九）注册商标服务

依法依规申请注册"重点节能技术应用典型案例"，对入选案例技术，提供相关贴标服务，增强企业信誉度、扩大市场认可度。

（十）向重点用能领域单位推广应用

与工业、建筑、交通、公共机构等节能主管部门以及能源主管部门有关司局等合作，选择重点用能领域及企事业单位持续开展入选案例技术推介、成效跟踪等活动，推动先进节能技术在重点用能领域和单位先行使用、广泛应用。

（十一）组织开展节能诊断服务

结合重点用能行业和企业、高等院校、大型公共建筑以及产业园区、城镇等节能改造需求，组织专家开展节能诊断服务，提出整体节能改造方案，推荐使用入选案例技术，协调推动节能技术在需求中拓展市场份额。

（十二）争取国家和地方资金支持

组织向国家和地方发展改革委、财税、科技等部门以及银行、基金、投资机构等推荐入选案例技术，扩大企业融资渠道，为深化企业技术研发、应用等争取资金、信贷、价格等支持。

（十三）争取国家政策支持

向国家和地方有关部门积极推荐入选案例技术，争取在节能标准、认证认可、能效标识、政府采购、招投标、知识产权等方面的政策支持；对未列入国家和地方有关部门相关推广目录的技术，积极推荐，争取列入。

（十四）积极向国家重大建设推荐

在京津冀协同发展、长江经济带一体化发展、粤港澳大湾区建设，在污染防治攻坚战、蓝天保卫战、脱贫攻坚战、完成国家约束性指标，以及北京城市副中心、河北雄安新区建设等国家重大战略、重大任务、重大工程中，适时组织入选案例技术宣传推介活动，促进先进节能技术发挥更大的作用。

（十五）推动节能技术"走出去"，开展国际合作

在国家"一带一路"建设过程中，适时向沿线国家和地区、相关国际组织和企业推介入选案例技术，推动节能产业国际合作，提高先进技术应用影响力和知名度。

（十六）其他个性化服务

根据入选案例技术单位具体需求，共同拓展典型节能技术其他推广应用服务。

五、工作组织领导

本次评选和推广工作由国家节能中心负责。国家节能中心主要承担组织领导、规范制定、统筹协调、监督检查和提供咨询服务等工作。评选和推广工作将充分依靠、发挥专家力量，在申报单位、申报组织单位等社会各有关方面的支持、帮助和监督下，把各方面都令人信服的典型案例评选出来，切实发挥先进案例技术示范引领作用。

此外，国家节能中心负责组织参评人员与参评专家的遴选及专家分组工作，接受申报单位、申报组织单位等社会各有关方面的监督。

六、违纪违规等处理

申报单位和申报组织单位通过弄虚作假或以行贿等不正当手段获取典型案例荣誉的，一经发现，即取消其资格，并通过媒体向社会通告，向全国信用信息共享平台、市场监管综合执法、企业信用评价等部门机构提交通报材料；对负有直接责任的主管人员和其他直接责任人员，提请其所在单位或主管部门依法依纪依规给予相应的处理。

参加评选工作的专家，如有违反诚信承诺和工作纪律规定以及相关法律

法规的，将取消其进入国家节能专家库的资格，向其所在单位或主管部门通报，并依法依纪依规给予相应的处理。

参与评选推广工作的国家节能中心人员，如在评选推广工作中有收受贿赂、弄虚作假、营私舞弊、泄露秘密等违反法律法规和纪律规定行为的，一经发现，由国家节能中心依法依纪依规给予相应的处理。

整个评选推广过程接受和欢迎所有申报单位、申报组织单位等社会各有关方面的监督检查，反映的问题一经调查核实，即严肃处理。

七、附则

本办法为 2019 年版，今后将根据实际情况进行修订完善。

本办法由国家节能中心负责解释，自发布之日起实施。

附件三 关于 2019 年重点节能技术应用典型案例征集工作的通知

各省、自治区、直辖市及计划单列市、副省级城市节能中心，各有关行业协会、科研院所、企事业等单位：

为贯彻落实党中央打好污染防治攻坚战、打赢蓝天保卫战，构建市场导向的绿色技术创新体系、壮大节能环保产业等决策部署，充分发挥节能新技术在推动经济转型、绿色发展和生态文明建设中的示范引领作用，推动重点节能技术的广泛应用，根据国务院"十三五"节能减排综合工作方案、国家发展改革委等部门"十三五"全民节能行动计划等要求，国家节能中心在总结 2017 年至 2018 年重点节能技术典型案例评选和推广工作的基础上，修订并发布实施了《国家节能中心重点节能技术应用典型案例评选和推广工作办法（2019）》（节能〔2019〕21 号）。

根据此办法，国家节能中心组织开展 2019 年重点节能技术应用典型案例评选和推广工作，现面向全社会公开征集重点节能技术应用典型案例，有关事项通知如下。

一、征集原则性要求

1. 自愿申报参加评选，并确认有推广意愿和需求，自愿承诺遵从市场化原则开展推广工作。

2. 案例应用节能技术应具有先进性、引领性和示范性，可复制性好，具有良好的推广价值和应用前景。

3. 案例应用节能技术在市场中经过实践应用，用户认可度、满意度较高，节能减排效果良好。

二、征集重点及范围

（一）征集重点

在落实新发展理念中发挥作用突出，在打好污染防治攻坚战、打赢蓝天保卫战等国家重大战略、重大任务、重大工程和完成双控等经济社会发展约束性指标、推动高质量发展中作用突出，在提升重点用能行业和企业单位、产业园区、大型公共建筑等整体能效中作用突出，在促进产业转型升级、能源消费革命中作用突出的案例应用节能技术。

特别关注具有关键核心技术突破、推动整体节能问题解决、通用耗能设备技术突破、民用设备技术突破等案例应用节能技术。

（二）主要范围

以2014年以来在工业特别是重点耗能行业和企业单位，大型公共建筑、产业园区、高等院校、大型医院等领域应用的节能新技术为主，兼顾交通、商贸、民用民生、农业农村等领域新建或节能技改项目案例应用的节能技术，并溯及以往特殊案例。

其他重点节能技术应用案例，其中列入国家和省级政府有关部门发布的重点节能技术等推广目录中的案例应用节能技术，以及拥有自主知识产权、直接节能效果突出、推广价值大的案例技术优先考虑。

三、征集具体条件要求

1. 节能技术应用的案例项目已运行一年以上。

2. 由具备资质的第三方机构出具的案例项目节能报告或相关证明材料。

3. 申报的案例技术应用单位现在正常运营，案例项目经济、社会、环境效益良好。

4. 申报单位近三年来经营发展正常，不涉及破产、重组、停牌等重大事项，有良好的上升空间，无重大失信记录及其他违法行为等。

5. 已入选国家节能中心重点节能技术应用典型案例（2017）的节能技术不能重复申报。

6. 申报单位无重大失信记录，申报的案例技术无知识产权权属争议。

四、申报要求

（一）申报方式

鼓励各省、自治区、直辖市及计划单列市、副省级省会城市等地方节能中心，全国、地方性行业协会，采取集中组织推荐申报方式；各企业、各科研院所等单位也可以独立向国家节能中心申报。

（二）需提交的申报材料

1. 填写附件1、2、4表格；附件1中的相关证明材料用扫描件或复印件即可；附件2的项目案例申报数量最多3个，并明确优先顺序，均要体现在申请报告中；表格不可留空，空格填写不下的另附单页。

2. 按附件3要求以Word文档方式，撰写典型案例申请报告。

3. 申报材料按照附件1~4的顺序，用A4纸正反面装订成纸质版（两套），并在首页加盖申报单位公章。

（三）申报材料提交时间和方式

征集时间共3个月，截止日期为2019年7月31日；需以电子版和纸质版两种方式提交，申报时间以第一时间电子版发送成功的时间为准；国家节能中心电子邮箱为：dxal@chinanecc.cn；纸质版邮寄地址为：北京市西城区三里河北街12号，邮编：100045，国家节能中心（推广处）收。

五、联系方式和信息公开

于泽昊：010 – 68585777 – 6037　15010598988

公丕芹：010 – 68585777 – 6039　13811253685

本通知将在国家节能中心网站、国家节能宣传平台（即微信公众平台）及各类相关媒体上发布，并向申报单位提供下载、咨询等服务。

附：1. 重点节能技术基本情况表

2. 重点节能技术应用案例项目情况表

3. 重点节能技术应用典型案例申请报告正文格式和内容要求

4. 申报单位对上报材料真实性等事项的承诺

国家节能中心

2019年4月22日

附件四 关于重点节能技术应用典型案例（2019）最终入选典型案例名单的通告

各申报单位、申报组织单位和社会各有关方面：

根据《国家节能中心重点节能技术应用典型案例评选和推广工作办法（2019）》（节能〔2019〕21号，以下简称《办法》），依据前期初评专家组、现场答辩专家组和现场核查专家组初评、答辩、现场核查等主要环节和信誉核查、情况复查、公示等辅助环节工作，以及后期申报单位补充材料情况，经终审专家组专家确认，确定最终入选典型案例共16个。为利于后期宣传推广，终审专家组对申报的案例全称做了统一的修改完善，现将名单正式发布如下。

重点节能技术应用典型案例（2019）最终入选典型案例名单

（按参加现场答辩专家投票数量多少为序排列）

序号	申报单位全称	申报的案例全称	修改完善后的案例全称 （后续工作以此为准）
1	珠海格力电器股份有限公司	港珠澳大桥珠海口岸通风设备采购	港珠澳大桥珠海口岸格力永磁变频直驱制冷设备应用
2	湖北谁与争锋节能灶具股份有限公司	北京交通大学食堂灶头节能改造	北京交通大学食堂灶头节能改造
3	华电电力科学研究院有限公司	采用多相流分离技术的直吹式制粉系统整体优化	华电长沙电厂制粉系统分离器整体优化改造
4	江苏乐科节能科技股份有限公司	江苏泰利达乙醇自回热精馏节能改造项目	江苏泰利达新材料公司乙醇自回热精馏节能改造
5	迈格钠磁动力股份有限公司	湛江中粤能源有限公司凝结水泵永磁涡流柔性传动装置改造项目	湛江中粤能源有限公司凝结水泵永磁调速器应用
6	深圳市风发科技发展有限公司	首钢股份有限公司迁安钢铁公司节能改造	首钢迁安公司开关磁阻智能调速电机应用

序号	申报单位全称	申报的案例全称	修改完善后的案例全称（后续工作以此为准）
7	安徽集黎电气技术有限公司	池州学院配电系统节能改造一期项目	池州学院配电系统电压质量提升工程
8	亿昇（天津）科技有限公司	泰达新水源西区污水处理厂磁悬浮高速离心鼓风机节能改造项目	泰达新水源西区污水处理厂高速离心鼓风机应用
9	威海双信节能环保设备有限公司	烟台业林纺织印染有限责任公司废热回收利用项目	烟台业林纺织印染公司污水降温及余热利用项目
10	北京华航盛世能源技术有限公司	中国石油化工股份有限公司茂名分公司炼油 4 号柴油加氢余热发电项目	中石化茂名分公司炼油 4 号柴油加氢余热发电项目
11	北京华源泰盟节能设备有限公司	天津天保能源海港热电厂烟气深度余热回收项目	天津天保能源海港热电厂烟气深度余热回收利用
12	安阳复星合力新材料股份有限公司	郑州航空港区安置房	郑州航空港区安置房高延性冷轧带肋钢筋应用工程
13	远大能源利用管理有限公司	浙江银泰百货武林店磁悬浮冷水机组双模改造项目	浙江银泰百货武林店冷水机组双模运行系统节能改造
14	浙江鑫宙竹基复合材料科技有限公司	莒南县东部供水一期工程临港产业园区竹缠绕复合管供水工程	莒南县临港产业园区竹缠绕复合管供水工程
15	华为技术有限公司	廊坊三期云数据中心	华为廊坊云数据中心三期 iCooling@ AI 能效优化应用
16	南京福加自动化科技有限公司	广州地铁新塘站高效机房节能系统	广州地铁新塘站制冷机房系统节能技术应用

　　在此，向申报单位、申报组织单位和社会各有关方面对这项工作的关心和支持表示衷心的感谢！向最终入选典型案例的 16 家申报单位表示祝贺！因新冠肺炎疫情的原因，相关工作受到了一些影响，在此向各有关方面表示歉意。

　　按照《办法》和后续宣传推广咨询服务协议确定的任务，我们将与最终入选案例申报单位、技术应用单位、各领域专家以及社会各有关方面一道，继续做好后续最终入选案例技术宣传推广应用等工作，本着共建共享的原则，把重点节能技术应用典型案例工作打造成推进节能技术进步、促进节能产业发展的品牌性工作，为贯彻落实壮大节能环保产业战略任务作出应有的贡献。

　　特此通告。

国家节能中心

2020 年 9 月 7 日

附件五 国家节能中心重点节能技术应用典型案例（2019）
首场发布推介服务活动综述

为深入贯彻落实习近平生态文明思想和党的十九大与十九届二中、三中、四中全会精神，牢固树立新发展理念，充分发挥先进节能技术在促进经济转型、推动绿色发展和生态文明建设中的重要作用，壮大节能环保产业，构建市场导向的绿色技术创新体系，2020 年 10 月 16 日，国家节能中心举办了重点节能技术应用典型案例（2019）首场发布推介服务活动，现场发布了16 个重点节能技术应用典型案例技术。国家发展改革委环资司、国管局节能司等部门，地方节能中心，相关行业协会、典型案例技术和应用单位，以及央视网、中国经济导报社等媒体共 150 多人参加活动。国家节能中心副主任史作廷同志主持。

国家节能中心副主任史作廷同志主持活动

国家发展改革委环资司二级巡视员杨尚宝同志出席活动并致辞。他首先代表国家发展改革委环资司对本次活动的举办表示热烈的祝贺，对入选此次案例发布活动的企业表示祝贺。他表示，节能提高能效是推进生态文明建设、实现绿色低碳发展的重要手段。2006~2019 年，我国单位 GDP 能耗累计降低 42%，节约能源达 22 亿吨标准煤，相当于减少二氧化碳排放约 50 亿吨。节能提高能效为我国生态文明建设、高质量发展提供了重要支撑，也为积极应对气候变化作出了应有贡献。

国家发展改革委环资司二级巡视员杨尚宝同志致辞

他表示，先进适用技术推广和应用是能源资源节约工作的重要举措。近年来，国家发展改革委牵头建立节能技术遴选、评定及推广机制，印发实施《关于构建市场导向的绿色技术创新体系的指导意见》，推动形成研究开发、应用推广、产业发展贯通融合的绿色技术创新新局面。他希望，中心继续加大工作力度，拓展思路、创新方式，积极推动先进节能技术普及应用；入选的各案例企业能切实发挥好"榜样的力量"，共同为节能产业发展、建设美丽中国、促进高质量发展作出更大贡献。

国家节能中心主任徐强同志在致辞中说，首先代表国家节能中心对大家的到来表示热烈的欢迎，对有关部委、单位、专家、媒体和社会各方面对本次案例评选推广工作给予的大力支持表示衷心的感谢。他认为，节能技术是典型的绿色技术，节能技术的推广应用是促进节约能源资源、减少污染物排放、助力绿色发展的重要途径和手段。受供求双方信息不对称、缺乏科学有效评价体系、政策机制不完善等因素影响，很多节能潜力大、应用效果好的节能技术遇到了推广难、选择难等突出问题，制约了节能技术产业化、市场化和技术进步进程，先进实用的节能技术的社会效益和经济效益未能得到充分体现。节能技术推广应用、技术进步需要大家齐心协力、共同推进。打造好重点节能技术应用典型案例这个平台，为建设美丽中国、促进绿色发展和生态文明建设作出更大的贡献。

国家节能中心主任徐强同志致辞

在活动现场，国家节能中心公布了重点节能技术应用典型案例（2019）最终入选的 16 个案例名单，聘请 18 位专家为本届典型案例技术推广顾问。国电科学技术研究院首席专家邢德山教授、中科院过程工程研究所郝江平高级工程师、北京节能环保中心能源评估部部长柳晓雷高级工程师、中国建筑材料工业规划研究院能效评估中心主任索也兵高级工程师、上海市能效中心技术总监秦宏波高级工程师作为代表上台接受徐强同志颁发的聘书。

16 个最终入选的案例按照行业、领域、专业技术等分为 4 组，邢德山、郝江平、柳晓雷、索也兵 4 位技术推广顾问分别对每组的 4 个典型案例进行推介，并播放案例技术企业视频；嘉宾为 4 组典型案例技术企业颁发证书、纪念杯，随后为 16 家案例技术应用单位颁发证牌。

徐强同志为技术推广顾问颁发聘书

嘉宾为 16 家案例技术企业颁发证书、纪念杯，为 16 家案例技术应用单位颁发证牌

9 家案例技术单位作为代表上台参加现场贴标仪式

6 家企业签订合作意向协议

为更好地宣传重点节能技术应用典型案例，保护和提升这项工作品牌的独特性、权威性和影响力，推动重点节能技术的市场推广和应用，国家节能中心向国家知识产权局申请注册了"国家节能中心重点节能技术应用典型案例"商标。活动现场举办了注册商标的发布和现场贴标仪式，湖北谁与争锋节能灶具股份有限公司、安徽集黎电气技术有限公司、亿昇（天津）科技有限公司等 9 家典型案例技术单位参与了现场贴标仪式。现场还进行了国家节能中心重点节能技术应用典型案例技术现场推广服务活动启动仪式。4 家企业代表16家入选案例技术企业与中心签订了《节能典型案例技术推广平台建设合作机制框架协议》，6家企业在活动现场签订了合作意向协议。

国家节能中心副主任史作廷同志在活动总结时指出，这届典型案例首场发布推介服务活动只是一个开始，国家节能中心将通过多种多样的手段持续展开后续宣传推广服务，推动典型案例技术的推广应用，共同努力把这一品牌性工作打造成各方面都满意的品牌平台。

为丰富典型案例技术的推广手段和途径，国家节能中心策划制作了节能推广之歌《家园的模样》，在活动总结之后发布，以供各有关方面后续宣传使用。歌词及其旋律引起了与会人员的共鸣。

国家节能中心重点节能技术应用典型案例（2019）首场发布推介服务活动取得圆满成功。未来，国家节能中心将与各有关方面携手同行，推动节能技术更广泛的应用，为进一步推动绿色高质量发展和生态文明建设贡献自己的力量！